W0261933

Verständliche Wissenschaft

Vierzigster Band

Physik in Streifzügen

Von

Heinrich Greinacher

Berlin · Springer-Verlag · 1943

Physik in Streifzügen

Von

Dr. Heinrich Greinacher
o. Professor der Physik an der Universität Bern

Zweite, verbesserte Auflage
6. bis 10. Tausend

Mit 64 Abbildungen

Berlin · Springer-Verlag · 1943

ISBN 978-3-642-98629-1   ISBN 978-3-642-99444-9 (eBook)
DOI 10.1007/ 978-3-642-99444-9

Meiner lieben Frau

geb. Urben

gewidmet

Vorwort zur ersten Auflage.

Lieber Leser, du wunderst dich vielleicht, daß man Physik so einfach in Streifzügen soll studieren können. Dazu bedarf es doch eines dicken Lehrbuches mit vielen mathematischen Formeln, dessen Bearbeitung unendlich viele Mühe und auch Vorkenntnisse erfordert. Du hast schon recht, einem Physikstudenten wird ein solider, systematischer Lehrgang nicht erspart bleiben können. Aber da ist noch die Menge derer, die bei der heutigen universellen Bedeutung der Physik auch etwas davon kennenlernen möchten, die sich aber Zeit und Mühe für ein Studium nicht nehmen können. Die sind es, die ich glaube zu meinen „Streifzügen" einladen zu dürfen. Gerade wie sie Zeit und Lust haben, können sie die eine oder andere Wanderung in einem Mußeviertelstündchen mitmachen, und ich will versuchen, ihnen in einfachster Fassung so viel physikalische Kenntnisse zu vermitteln, als eben bei dieser Methode irgend möglich ist. Dabei möge zur Aufmunterung auf mühsamer Wanderung, unbeschadet des Ernstes der Wissenschaft, gelegentlich auch eine scherzhafte Note in Bild und Text gestattet sein.

Meine Leser müssen sich allerdings des Umstandes bewußt sein, daß man mittels Streifzügen nicht alle Gebiete bestreichen kann und andererseits manche Gegenden ein zweites Mal zu kreuzen bekommt. Immerhin glaube ich die Wegewahl so getroffen zu haben, daß man doch einen angemessenen Eindruck von Stoff, Grundbegriffen und Zusammenhängen erhalten kann.

Erwähnt sei, daß die Streifzüge im Laufe einer Reihe von Jahren einzeln in verschiedenen Zeitschriften erschienen sind.

Möge die nun vorliegende kleine Sammlung mit dazu beitragen, daß das Interesse und das Verständnis für die physikalische Welt auch in weitere Kreise getragen werden.

Bern, im Oktober 1938.

H. Greinacher.

Vorwort zur zweiten Auflage.

Schon innerhalb weniger Jahre kann eine zweite Auflage der „Physik in Streifzügen" erscheinen. Gerne sieht der Verfasser dies als ein Zeichen dafür an, daß der Versuch, Physik in korrekter und zugleich ansprechender, leicht assimilierbarer Form darzustellen, nicht ohne Erfolg geblieben ist. Dies ermuntert ihn auch, das Bändchen mit fast unverändertem Text wieder erscheinen zu lassen, allerdings unter Berücksichtigung der wenigen, in der kurzen Zeit seit dem ersten Erscheinen erfolgten Fortschritte.

Bern, im Oktober 1942.

H. Greinacher.

Inhaltsverzeichnis.

1. Maß und Messen.

Dem Glücklichen schlägt keine Stunde, d. h. der schönste Zeitmesser hat keine Bedeutung für ihn, weil die Zeit ihn nicht interessiert. Meßinstrumente würden aber nicht nur bei Nichtbedarf an Interesse verlieren, sie wären geradezu samt und sonders unnütz, wenn kein *Maß* da wäre. Wir verlangen, daß auf einem Zifferblatt, auf einem Meterstab oder einer Zeigerwaage eine Skala angebracht sei. Eine Uhr, auf der der Zeiger herumlaufen würde, ohne daß seine Lage durch irgendeinen Bezugspunkt festgestellt werden könnte, sagt uns gar nichts. Eine Größe messen heißt: die *Maßzahl* finden. Wir wollen wissen, wievielmal größer die zu messende Größe ist als die *Maßeinheit*. Solche Einheiten lassen sich beliebig festsetzen. So kann man z. B. auf einem Zeigergalvanometer irgendeine Teilung anbringen und den elektrischen Strom so in *willkürlichem Maß* messen. Wichtiger aber

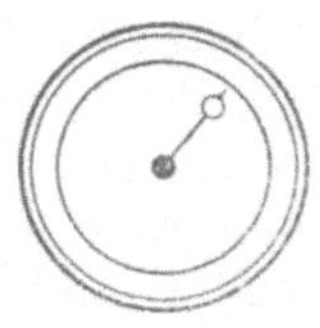

Abb. 1.
Maßlose Uhr.

ist das Messen mit allgemein *festgesetzten Maßen.* Nur solchen Resultaten kommt, da sie vergleichbar sind, eine allgemeine Bedeutung zu. Nur so können wissenschaftliche Messungen verglichen, technische Meßresultate vom Standpunkt der Übereinkunft oder gar der gesetzlichen Vorschriften über die Maßeinheiten aus beurteilt werden. Maßeinheiten gibt es so viele, als es physikalische oder technische Größen gibt. Indessen spielen die Einheiten für die *Länge, Masse* und *Zeit* die Rolle von sogenannten *Grundmaßen,* da sich alle anderen darauf zurückführen lassen. Die theoretische Masseneinheit besitzt 1 cdm Wasser beim Dichtemaximum,

d. h. bei $4°$ C. Die Masse irgendeines Körpers wäre dann die
Maßzahl, die sich ergibt durch *Gewichts*vergleich mit 1 cdm
Wasser und wird angegeben in *Kilogramm* (exakt Kilo-
grammasse). Die gesetzliche Definition des Kilogramms
weicht indessen etwas von der theoretischen ab. Es ist nämlich die Masse eines Platin-Iridium-Zylinders, der im Bureau
international des Poids et Mesures in Sèvres (Paris) auf-
bewahrt wird. Sie ist um 27 Millionstel größer. Ähnlich steht
es beim *Meter*. Theoretisch ist dieses der zehnmillionste Teil
des durch Paris hindurchgehenden Erdquadranten. Das gesetzliche Normalmeter aus Platin-Iridium, das sich ebenfalls in
Paris befindet, ist indessen 86 Millionstel kleiner. Die Zeiteinheit ist sowohl theoretisch als praktisch der 86 400ste Teil
des mittleren Sonnentages. Es ist die *Sekunde*. Diese Maße
haben natürlich den Nachteil, daß sie der irdischen Vergäng-
lichkeit nicht Rechnung tragen. Was würde z. B. aus der
Sekunde, wenn sich die Rotation der Erde verlangsamte? Es
sind daher Bestrebungen aufgetaucht, um zu unveränderlichen
Maßeinheiten zu gelangen. So hat man z. B. das Meter in
Lichtwellen bestimmter Sorte ausgemessen und die Sekunde
mit der Frequenz schwingender Kristallplättchen (Quarzuhr)
verglichen. Noch rationeller wäre es, *Grundmaße anderer Art*,
und zwar solche von universellem Wert, zu wählen, als da
sind 1. Ladung des Elektrons, 2. Wert der molekularen Gas-
konstanten und 3. Größe des elementaren Wirkungsquantums.
Indessen wären diese für den praktischen Gebrauch zu klein.
Auch mit einem Meterstab kann man allerdings nicht alle
Längen ausmessen, einmal nicht Sternabstände und auch nicht
Röntgenwellen. Dementsprechend hat man auch Vielfache vom
Meter als *sekundäre Einheiten* eingeführt. Bezeichnen wir
das Verhältnis zum Zentimeter durch Potenzen von 10, so
hätten wir folgende ansehnliche Reihe: Lichtjahr (ca. 10^{18}),
Lichtsekunde ($3 \cdot 10^{10}$), Kilometer (10^5), Meter (10^2), Zenti-
meter (10^0), Millimeter (10^{-1}), Mikron (10^{-4}), Millimikron
(10^{-7}), „Ångström" (10^{-8}) und X-Einheiten (10^{-11}), eine
Reihe, die sich noch vermehren ließe. Dementsprechend
sind auch die Apparate und Verfahren zur Längenmessung
außerordentlich zahlreich und vielgestaltig. Ähnlich, nur

etwas weniger bunt, sieht es bei den anderen Maßeinheiten aus.

Da die physikalischen Größen untereinander zusammenhängen, so können auch die Maßeinheiten nicht unabhängig voneinander sein. Es hat sich ergeben, daß alle Maße aus den Grundmaßen abgeleitet werden können und daher die Rolle von *abgeleiteten Einheiten* spielen. So wird eine *Geschwindigkeit* ausgedrückt durch den Quotienten aus dem zurückgelegten Weg und der benötigten Zeit. Sie kann also mit Maßstab und Uhr gemessen werden. Wählt man die Grundeinheiten cm und sec, so sagt man, man habe die Geschwindigkeit in *„absolutem" Maße* bestimmt. Weiterhin findet man eine *Beschleunigung* durch die Geschwindigkeitszunahme, die ein bewegter Körper in der Zeiteinheit erfährt. Im Prinzip haben wir also eine Geschwindigkeitsangabe durch eine Zeit zu dividieren, d. h. aber, eine Länge durch eine Zeit, und diese nochmals durch eine Zeit zu teilen. Diesen Zusammenhang mit den Grundmaßen: Länge durch Zeit im Quadrat kann man kurz so formulieren: $l^1 t^{-2}$. Verwendet man zur Messung die Grundeinheiten cm und sec, so erhält man die Beschleunigung in absolutem Maß, und die Beschleunigungseinheit wäre jene, bei der die Geschwindigkeitszunahme gerade 1 cm pro sec wäre. Da man ferner eine Kraft gleich dem Produkt aus irgendeiner Masse und der dieser erteilten Beschleunigung setzt, so wäre hier der Zusammenhang mit den Grundmassen durch die *„Dimensionsbeziehung"* gegeben: $l^1 m^1 t^{-2}$, und die *absolute Krafteinheit*, ein Dyn, wäre dann vorhanden, wenn 1 g die Beschleunigung $1 \text{ cm}^1 \text{ sec}^{-2}$ erfährt.

Viel geläufiger als die Beschleunigung „1 absolut" ist uns die *Beschleunigung der Schwere* (etwa $981 \text{ cm}^1 \text{ sec}^{-2}$), die ja die Gewichtskraft und die Fallbewegung aller Körper regiert. Es erscheint daher verständlich, daß man auch eine *praktische Krafteinheit*, das Grammgewicht, definiert hat. Das ist eben die Kraft, die 1 g gerade die Erdbeschleunigung erteilt. Sie ist somit 981mal größer als das Dyn. In beiden Fällen sind jedoch die *Dimensionen* dieselben, nur die Einheiten sind verschieden. Will man ausdrücken, daß eine

Größe in absolutem Maß gemessen sei, so ersetzt man in der Dimensionsangabe die allgemeinen Bezeichnungen $l\,m\,t$ durch cm · g · sec. Unter Dimensionen versteht man dann die Exponenten, welche diesen Grundmaßen beizusetzen sind. Der allgemeine Ausdruck wäre also: $l^a\,m^b\,t^c$. Größen gleicher Dimensionen brauchen keineswegs wesensgleich zu sein. So besitzen die mechanische Arbeit und das Kraftmoment dieselben Dimensionen. Denn die erstere hat ja die Bedeutung Kraft mal Weg, die zweite Kraft mal Hebelarm.

Zu was dienen dann aber die Dimensionen? Nun, sie erlauben nicht nur die Festsetzung der absoluten Maßeinheiten und sozusagen die Zurückführung aller Maße auf die 3 Prototypen des Meters, des Kilogramms und der Sekunde, sondern auch die Berechnung der Veränderungen der Maße, die eintreten, wenn man andere Grundeinheiten wählt, z. B. das Mikron statt des cm, die Tonne statt des g und des Jahres statt der sec. Sie geben dem Physiker ferner ein Mittel an die Hand, seine Gleichungen auf ihre Richtigkeit hin zu prüfen, ja geradezu neue Gesetzmäßigkeiten aufzufinden. Das *CGS-System*, das eigentlich seinen Namen „absolut“ gar nicht verdient, zeigt seine *Willkür* besonders schön in der Elektrizitätslehre. Da haben wir sogar *mehrere absolute Systeme,* so daß ein und dieselbe Größe verschiedene Dimensionen und verschiedene absolute Einheiten haben kann. Es kommt ganz darauf an, wie man den Anschluß an das mechanische System herstellt. Um einen solchen zu erhalten, müssen die elektrischen und magnetischen Kraftgesetze herangezogen werden. Als solche kommen in Betracht die beiden C o u l o m b - *schen Gesetze* für die elektrische und magnetische Anziehung und dann das B i o t - S a v a r t *sche Gesetz* für die Anziehung zwischen Strom und Magnet. In zweien davon darf der Proportionalitätsfaktor willkürlich gleich 1 gesetzt werden. Tut man das in Gesetz 1 und 2, so entsteht das G a u ß *sche Maßsystem,* wählt man 1 und 3, so folgt das *elektrostatische System,* und gibt man 2 und 3 den Vorzug, so haben wir das *elektromagnetische System.* Kein Wunder, wenn sich bei so viel Theorie auch noch die Praktiker melden und das „*praktische Maßsystem*“ mit Volt, Ampere, und Ohm eingeführt

4

haben. Auch diese Einheiten hängen natürlich theoretisch mit dem CGS-System zusammen. Diese Beziehung ist jedoch nicht zu verwechseln mit der gesetzlichen Normierung, die man diesen Größen gegeben hat.

Eine Größe, deren Dimensionen nicht einheitlich festgelegt worden sind, ist die *Temperatur.* Man gesellt sie gewöhnlich den Grundmaßen zu und überträgt ihr damit die Rolle einer *4. Dimension!* Man kann sie aber sehr wohl als eine Energie bewerten, denn in einem Gase wird sie durch die Bewegungsenergie der Moleküle dargestellt. Damit wäre aber auch sie auf das CGS-System zurückgeführt, und der Physiker wäre damit restlos imstande, seine Welt mit Meterstab, Gewichtssatz und Uhr auszumessen. Nur würde es ihm bei manchen Dingen recht sauer werden. Wir können es ihm daher nicht verargen, wenn er z. B. statt Masse und Geschwindigkeit von Luftmolekülen zu messen, einfach ein Thermometer nimmt. Genau so wird er es zwecks Erzielung rascher und genauer Resultate auch mit anderen physikalischen und technischen Größen halten. Schon bei dieser Vereinfachung hat er noch genug zu tun mit der Beherrschung des ganzen Apparates der modernen *Meßtechnik.* So kommt es denn, daß der Physiker es umgekehrt macht, wie Schillers Jüngling mit den 1000 Masten: er, der auszog ins Meer der physikalischen Wunder mit nur 3 Grundmaßen, kehrt gewitzigt zurück ins Labor mit seinen 1000 Meßinstrumenten.

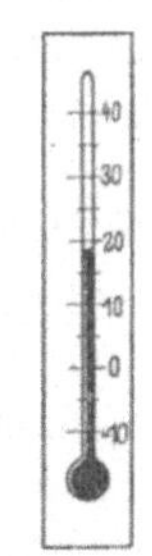

Abb. 2.
4. Dimension.

2. Potenzgesetze.

Will man die gesetzmäßige Abhängigkeit zwischen zwei physikalischen Größen darstellen, so kann man sich entweder der *mathematischen* oder der *graphischen Darstellung* bedienen. Letztere ist zweifellos die anschaulichere. Man hat nur beliebige Werte der einen (unabhängigen) Größe (x) als Abszisse und die zugehörige (abhängige) Größe (y) als Ordinate aufzutragen und erhält so eine Punktfolge d. h.

eine Kurve, deren Verlauf uns unmittelbar über den Zusammenhang orientiert. Die mathematische Darstellungsweise ist andererseits die präzisere und umfassendere. Nur sie kann uns einen exakten Ausdruck für die physikalischen Gesetze liefern. Diese beziehen sich im übrigen bald auf *Zustände* (Beispiel: Hebelgesetz), bald auf *Vorgänge* (Beispiel: Pendelgesetz). Formeln brauchen aber nicht immer der Ausdruck von Gesetzen zu sein, sie können auch *Definitions*gleichungen bedeuten (Beispiel: Kraftmoment gleich Kraft mal Hebelarm).

Wir wollen uns einmal fragen, wie lassen sich die physikalischen Gesetze im Zusammenhang darstellen? Es liegt wohl am nächsten, die Formeln nach dem Gegenstand zu gruppieren, z. B. alle sich auf den freien Fall der Körper beziehenden Formeln zusammenzustellen und ihren Zusammenhang unter sich und mit den Gesetzen der allgemeinen Massenanziehung zum Ausdruck zu bringen. Es entspricht das der üblichen, von Forschung und Unterricht angewandten Methode. Wir könnten aber zur Abwechslung auch mal versuchen, die vielen Gesetze vom Standpunkt der *mathematischen Ähnlichkeit* aus zu betrachten, unbekümmert darum, welchem Gebiet die Formeln angehören. Nur zwei Dinge können ein solches zunächst rein äußerlich anmutendes Verfahren rechtfertigen. Einmal die Tatsache, daß zwischen den verschiedenen Gebieten ein enger Zusammenhang besteht, und dann die Vermutung, daß einer mathematischen Ähnlichkeit vielfach eine physikalische Verwandtschaft zugrunde liegen könne. Wir wollen aus dieser umfangreichen Aufgabe heute nur einen kleinen Ausschnitt bringen, indem wir die verschiedenen Potenzgesetze nebeneinander betrachten und durch je ein Beispiel belegen.

Zunächst: Was ist ein Potenzgesetz? Ein solches ist z. B. $y = k x^3$, was bedeutet, daß eine Größe y proportional der dritten Potenz einer zweiten x sei, oder daß $y = k \cdot x \cdot x \cdot x$. Die Zahl, wie oft x als Faktor hinzusetzen ist, nennt man die Potenz. Je höher diese, um so rascher wächst y mit x an. Der einfachste Fall ist die erste Potenz, also $y = k x$, d. h. y proportional x. Fällt z. B. ein Ziegelstein vom Hause, so nimmt seine *Fallgeschwindigkeit* in jeder Sekunde um gleich viel zu. k kann eine universelle Konstante, oder, wie im genannten Fall, eine Naturkonstante (Beschleunigung der Schwere) oder wieder ein zusammengesetzter Ausdruck aus anderen physikalischen Größen, die für den Fall als konstant angesehen werden dürfen, sein. Ein besonderes Potenzgesetz ist das mit dem Exponenten o. x soll dann nullmal, d. h. gar nicht hingesetzt werden. Das bedeutet dann, daß x überhaupt nicht vorkommt und somit keine Rolle spielt. Fallen also z. B. ein großer und ein kleiner Ziegel vom Dach herunter, so kommen sie gleich schnell unten an. Die Fallgeschwindigkeit (y) ist eben in Abhängigkeit von der Masse (x) konstant, also $y = k$. Ein Beispiel für ein quadratisches Gesetz (Exponent 2) bildet die vom Ziegel *durchfallene Strecke* (y) als Funktion der Zeit (x). Hier gilt $y = k x^2$.

Abb. 3.
Freier Fall.

Die Gesetze mit den *Exponenten* o, 1, 2 *sind außerordentlich zahlreich*, seltener schon sind die mit 3 und 4. $y = k x^3$ gilt für die *Durchbiegung* eines Brettes oder Balkens als Funktion der *Balkenlänge*. Wenn man sich auf einen Ast hinausbegibt, nimmt die Gefahr durchaus nicht proportional zu, sondern viel schneller. Die 4. Potenz weist das bekannte P o i s e u i l l e *sche Gesetz* auf: Die Durchströmungsgeschwindigkeit einer Flüssigkeit durch ein Kapillarrohr wächst mit der 4. Potenz des Durchmessers. Vergrößert man diesen also von 1 auf 2, so nimmt der Ausfluß auf das $2 \times 2 \times 2 \times 2 = 16$-fache zu. Auch *gebrochene Exponenten* kommen vor. So wächst der *Bahnradius* der aufeinanderfolgenden *Planeten* mit der $^2/_3$-Potenz der Umlaufsdauer um die Sonne. D. h. aber nichts anderes, als daß die 3. Potenz des Bahnradius der 2. der Umlaufsdauer proportional ist. Aber nicht nur gebrochene, auch *negative Exponenten* kommen vor. So existieren die Gesetze $y = k x^{-1}$, dann $k x^{-2}$, $k x^{-3}$ usw., oder was dasselbe ist: $y = \dfrac{k}{x}$, dann $\dfrac{k}{x^2}$ und $\dfrac{k}{x^3}$. In allen diesen Fällen nimmt y ab, wenn x zunimmt. So wächst der *Druck* beim Zusammenpressen *eines Gases* auf das Doppelte, wenn das

Volumen auf die Hälfte reduziert wird. D. h. der Druck (y) ist umgekehrt proportional dem Volumen (x) oder $y = \dfrac{k}{x}$, was auch geschrieben werden kann $yx = k$. Sehr verbreitet ist das Potenzgesetz x^{-2}. Die *Anziehungs- und Abstoßungskräfte* nehmen zumeist umgekehrt proportional dem Quadrat der Entfernung ab. So die Anziehung zweier Massen (Sonne und Planeten), die Wirkung zwischen zwei elektrischen oder magnetischen Polen oder zwischen einem Magnetpol und den einzelnen Teilen eines elektrischen Stromes. Interessant ist der Umstand, daß auch alle *Strahlungen* (Licht-, ferner Röntgenstrahlen) *nach demselben Gesetz* mit der Entfernung abnehmen. Dies legt die physikalische Analogie nahe, daß die Kraftwirkungen als eine Art Kraftausstrahlung aufgefaßt werden können. Suchen wir nach einem Beispiel für das Auftreten des Exponenten — 3, so finden wir ein solches wieder in der *Durchbiegung* eines Balkens, diesmal aber in Abhängigkeit von seiner *Dicke*. Die Potenzgesetze mit — 3, — 4 und — 5 sind bereits wieder recht selten, so daß sich allgemein das interessante Resultat ergibt, daß die *niederen Potenzen*, seien sie + oder — *bevorzugt* sind. Höhere Potenzen existieren überhaupt kaum. Hierfür gibt es nur zwei Erklärungsmöglichkeiten. Eine hohe Potenz heißt: eine physikalische Größe ändert sich ungewöhnlich rasch, fast sprunghaft, wenn eine zweite sich nur wenig ändert. Wir müssen also annehmen, daß entweder die physikalischen Vorgänge der *Sprunghaftigkeit* oder *Unstetigkeit abhold* sind oder aber, daß sehr rasche Änderungen nicht durch Potenzgesetze wiedergegeben werden. Beides ist bis zu einem gewissen Grade richtig. Starke Änderungen werden vielfach durch andere Funktionen ausgedrückt. Aber andererseits liegt es im Wesen der physikalischen Vorgänge, daß sie Zeit gebrauchen, daß also keine plötzlichen Änderungen eintreten. Wir sehen das am besten, wenn wir einen Vorgang in einem nur kleinen Zeitintervall oder auf einer nur kleinen Strecke verfolgen, ihn sozusagen unter die Lupe nehmen. Beobachten wir z. B. einen fallenden Körper während einer millionstel Sekunde, so wird es uns unmöglich sein, eine Geschwindigkeitsvermehrung konstatieren zu können, obschon sie ja sicher da sein muß. Betrachten wir ferner eine Geleisekurve, so können wir auf einem kleinen Stück von etwa 1 Dezimeter Länge kaum eine Krümmung bemerken. Eine *Kurve* kann noch so stark gekrümmt sein; wenn wir ein genügend kleines Stück ins Auge fassen, erscheint es uns geradlinig. Da aber jede gesetzmäßige Abhängigkeit durch eine Kurve dargestellt werden kann, so heißt das nichts anderes, als jedes physikalische Gesetz läßt sich für ein kleines Intervall der Größe x als Potenzgesetz mit dem Exponenten 1, d. h. als lineares auffassen! Aus diesem Intervall läßt sich also der weitere Verlauf der Erscheinung noch gar nicht ersehen. Erst, wenn wir noch ein kleines Stückchen Kurve hinzunehmen, bemerken wir eine sachte Krümmung. Die Kurve scheint uns ein Kreis zu sein. In der Tat kann man an jede Stelle einer Kurve einen *Schmiegungs- bzw. Krümmungskreis* anlegen, dessen Radius sich nach einer bekannten Formel der Differentialgeometrie berechnen läßt. Interessanterweise kann man aber dort ebenso genau das Stück einer Parabel anlegen. Man wird in einem genügend kurzen Kurvenstück den *Kreis- und Parabelbogen* nicht voneinander unterscheiden können. Den Kurvenabschnitt durch

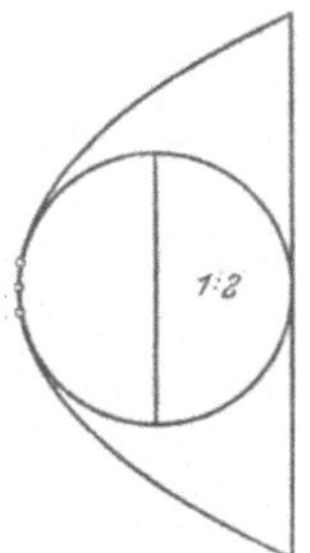

Abb. 4. Kreis und Parabel.

ein Parabelstück darzustellen ist einfacher, also zweckmäßiger. Denn es kommt dies darauf hinaus, daß man die lineare Gesetzmäßigkeit durch ein quadratisches Glied ergänzt, also statt $y = kx$ schreibt $y = kx + ax^2$; dies ist nämlich, wie die Geometrie zeigt, der Ausdruck für eine Parabel. Wenn man nun ein noch größeres Kurvenintervall ins Auge fassen will, wird auch dieser Ausdruck nicht mehr genügen. Wie kann man sich dann dem Verlauf weiter anpassen? Liegt es nicht nahe, dies durch Hinzufügen eines weiteren Gliedes bx^3 zu versuchen und dann weiter von cx^4 usw.? Wie die Mathematik beweist, muß dies tatsächlich immer gelingen. Denn jede beliebige *stetige Funktion* läßt sich durch eine *Potenzreihe* nach ganzen Potenzen von x mit unendlich vielen Gliedern entwickeln. Dies hat die große praktische Bedeutung, daß ein zunächst nur kurvenmäßig bekanntes Gesetz sich näherungsweise durch eine solche Summe von Potenzgesetzen von mehr oder weniger vielen Gliedern darstellen läßt. Es zeigt uns dies einerseits, daß die von uns behandelten Potenzgesetze z. T. Spezialfälle repräsentieren, bei denen von der unendlichen Reihe nur e in Glied vorhanden ist. Andererseits sehen wir, daß alle Gesetze als Potenzgesetze anzusprechen sind, sofern wir darunter allgemeiner auch Summen von Potenzgliedern verstehen wollen.

3. Kraft.

Wenn Goethes Faust den Anfang der Bibel zu übersetzen sucht mit: am Anfang war die Kraft, so war es sicher aus der Erkenntnis heraus, daß dies das Etwas ist, das allem Wirken und Werden zugrunde liegt. Die Vorstellung, daß alle sichtbaren und unsichtbaren Vorgänge durch irgend etwas hervorgebracht werden und die uns allen geläufige Verknüpfung von *Ursache* und *Wirkung* sind es auch, die den Kraftausdruck so allgemein gebräuchlich gemacht haben. Eine kleine Musterkollektion von Ausdrücken, wie Kraftwagen, -post, -werk, -strom, -futter, -brühe usw., kann dies wohl am besten illustrieren. Fragen wir indessen nach der Beschaffenheit einer Kraft, so sind wir gleich in Verlegenheit. Jedenfalls wissen wir, daß Kräfte immer unsichtbar und nur durch ihre Wirkung erkennbar sind. Und doch haben wir eine unmittelbare Vorstellung von ihnen an der *Muskelkraft*. Interessant ist es nur, daß kein Mensch, auch der Athlet nicht, Muskelkraft im Ruhezustand besitzt. Sie muß erst geweckt werden. Es genügt indessen, irgendeinen Gegenstand auf die Hand zu legen, und schon spüren wir an der Muskelanspannung das Gewicht. Diese Muskelkraft kann sofort jedermann demonstriert werden. Man braucht nur von einer zweiten Person den Gegenstand rasch nach oben wegziehen zu lassen, und wir folgen unweigerlich mit der Hand nach oben nach. Keine Kraft kann geschaffen werden, ohne die ihr gleiche Gegenkraft zu wecken. Stets gilt *reactio = actio*.

Selbst der Fußboden, auf dem wir stehen, erduldet unser Gewicht nicht ohne Reaktion. Er wird ein wenig eingedrückt, oft am Quietschen hörbar, und die bewirkte elastische Gegenkraft ist gerade gleich dem auf ihm lastenden Gewicht. Jeder Stuhl, jeder Tisch, und sei er aus Stahl, wird etwas elastisch deformiert und drückt jeden Gegenstand genau mit seinem Gewicht nach oben. Den Druck des Fußbodens gegen unsere Fußsohlen können wir direkt spüren. Wir brauchen nur vom Stuhl aufzustehen. Um in stehender Stellung zu verharren, müssen wir ferner die entsprechenden Muskeln anspannen. Und weil zur Dauerspannung Energie verbraucht wird, ermüden wir. Darum können wir nur im Liegen ausruhen. Wäre indessen die Schwerkraft eines Tages verschwunden, so würde auch die Muskelkraft automatisch verschwinden, und wir könnten im Stehen so gut schlafen als im Liegen.

Um Kräfte messen zu können, hat man als *Einheit* das Gewicht von einem Grammstück, also fast genau von einem Kubikzentimeter Wasser bei der Temperatur von $4°$ C gewählt. Und zwar hat man, um präzise zu sein, die Gewichtskraft eines solchen Grammstückes unter $45°$ Breite auf Meeresniveau festgesetzt und nennt diese Kraft ein „*Grammgewicht*". Gewichts- und andere Kräfte können gemessen werden durch die von ihnen bewirkte Dehnung oder Verdrillung von Drähten. Allgemein bekannt sind ja die Feder- und Torsionswaagen. Man denke etwa an die modernen, direkt zeigenden Verkaufswaagen oder die gewöhnlichen Küchenwaagen. Wie in jeder Brust, so wohnen auch hier in jeder Feder zwei Seelen, hier zwei Kräfte. Elastische Spannungen wirken nach actio und reactio gleichzeitig immer nach beiden Richtungen. Kann man doch keine Spirale auseinanderziehen, ohne nach der entgegengesetzten Seite einen gleich großen Zug zu verspüren. Kraftmesser, die auf der elastischen Deformation beruhen, nennt man allgemein *Dynamometer* (griech. dynamis = Kraft).

Kennzeichnend für irgendeine Kraft ist aber nicht nur ihre *Größe*, sondern auch ihre *Richtung* nebst *Ort des Angriffs*. Man kann daher eine Kraft erschöpfend darstellen durch einen Pfeil. Die Länge gibt die Intensität an, die Lage den Angriffspunkt und die Richtung und die Spitze den Richtungssinn. Solche gerichteten Größen nennt man allgemein *Vektoren*. Größen, für die andererseits eine Zahlenangabe zur Kennzeichnung genügt, wie z. B. bei Stoffmengen (man kauft Ware nur nach dem Gewicht, nicht nach der Richtung), nennt man *Skalare*. Da die Kraft nun ein Vektor ist, so summieren sich mehrere Kräfte in ganz eigenartiger Weise. Man darf nicht, wie etwa bei Gewichten, einfach die Beträge addieren, sondern muß die Pfeile aneinandersetzen, immer das Ende des nächsten Pfeiles an die Spitze des vorangehenden. Indem man dann die ganze Pfeilkette durch einen einzigen Pfeil ersetzt, der vom Anfang nach dem Ende der Pfeilkette verläuft, erhält man den Ausdruck für die Gesamtwirkung, d. h. die *resultierende Kraft.* Dabei können die zusammenwirkenden Kräfte ganz verschiedenen Ursprungs sein; z. B. kann die erste eine elastische Kraft, die nächste eine Schwerkraft, die folgende eine elektrische und die letzte schließlich eine magnetische sein.

Abb. 5.
Resultante.

Was nun die Existenz von Kräften so augenfällig macht, ist nicht das Sich-ins-Gleichgewicht-Setzen, das wir bis jetzt einzig ins Auge gefaßt haben, sondern ihr maßgebender Einfluß auf alle Bewegungen der Körper. Hier treten sie als Triebfeder des Geschehens in Erscheinung. Sie ändern entweder die Größe oder die Richtung einer Geschwindigkeit oder beides zusammen. Denken wir uns etwa eine Stahlkugel auf einer horizontalen polierten Stahlplatte. Wollen wir die Kugel ins Rollen bringen, so haben wir es anscheinend leicht. Gegen die Schwere, die durch die Unterlage neutralisiert wird, und die Reibung, die kaum zu spüren ist, haben wir nicht anzukämpfen. Also hoffen wir die Kugel mit dem kleinen Finger allsogleich in rascheste Bewegung versetzen zu können? Weit gefehlt! Nur mit Kraftaufwand und allmählich werden wir überhaupt eine gewisse Geschwindigkeit erzielen. Die Masse leistet Widerstand. Sie ist träge. Ihr *Trägheitswiderstand* ist um so größer, je größer die

Masse und um so größer die in der Zeiteinheit zu erzielende Geschwindigkeitszunahme, d. h. die Beschleunigung ist. Wieder nach actio und reactio ist hier jederzeit die wirkende Kraft gleich dem Trägheitswiderstand, oder nach Newton bzw. der sogenannten klassischen Mechanik ist *Kraft* gleich *Masse mal Beschleunigung*. Kräfte können wir also auch durch die Massenträgheit, d. h. dynamisch messen, im Gegensatz zu oben, wo wir mit Hilfe des Gleichgewichts, d. h. statisch gemessen haben. Leider sind die beiden Krafteinheiten verschieden groß. *Dynamisch* ist die Kraft dann gleich 1, d. h. ein *Dyn*, wenn sie einem Gramm Masse die Beschleunigung 1 erteilt. Fällt aber ein Grammstück infolge seines Gewichtes frei herunter, so erfährt es die Beschleunigung 981. Somit ist das Grammgewicht 981mal 1 Dyn.

Die Trägheitskräfte der Massen kommen natürlich nicht nur bei Vergrößerung, sondern auch bei Verminderung der Geschwindigkeit zum Vorschein. Steht man auf einer Waage, so zeigt diese das Gewicht nur richtig an, wenn man sich still verhält. Bewegt man aber etwa die Arme nach oben, so scheint das Gewicht zu schwanken. Am Anfang der Bewegung (Beschleunigung) erscheint es vergrößert, gegen das Ende (Verzögerung) verkleinert. Zu dem Armgewicht kommt eben noch der Trägheitswiderstand hinzu. Dieser wirkt der Beschleunigung immer entgegen, zuerst also nach unten und dann nach oben. Diese *scheinbare Gewichtsänderung* spüren wir beim Einsetzen und Aufhören einer Liftbewegung, beim Schaukeln usw. Wir spüren die Trägheitskraft auch, wenn uns etwas auf den Kopf fällt. Der fallende Körper wird dabei verzögert, und wir kriegen den der Trägheitskraft entsprechenden Gegendruck zu spüren. Unserem Gefühl entgegen liefert dabei nicht der fallende Körper, sondern unser Kopf die wirkende oder treibende Kraft.

Sogar die *Trägheitskräfte kleinster Partikel*, nämlich von Gasmolekülen, können wir sehr wohl spüren. Befindet sich z. B. in einer verkorkten Flasche komprimierte Luft oder Kohlensäure (Sektflasche!), so muß man den gelockerten Korken festhalten, soll er nicht herausfliegen. Gegen den Korken prallen nämlich pro Sekunde nicht weniger als etwa

eine Quadrillion von Gasmolekülen, die sämtlich eine Bremsung und dann eine Wiederbeschleunigung erfahren. Diesen
Trägheitskräften muß man durch einen entsprechenden Gegendruck das Gleichgewicht halten.

Da die Gasmoleküle auch unter sich zusammenstoßen, so
ist das ganze Gas von denselben Trägheitskräften erfüllt.
Man sagt, der Gasdruck pflanze sich allseitig fort. Das gibt
zu merkwürdigen, ja spaßigen Konsequenzen Anlaß. So
wissen wir, daß ein Luftballon durch die Trägheitskräfte
der Luftmoleküle in der Schwebe gehalten wird und dadurch
einen Auftrieb erfährt. Nach actio = reactio muß aber die
Luft auch auf ihre Unterlage, d. h. die Erde drücken,
und da der Druck sich allseitig ausbreitet, so lastet
das Gewicht des Ballons gleichmäßig verteilt auf der
ganzen Oberfläche der Erde. Ähnlich verhält es sich
bei jedem Flugzeug, beim Vogel- und Insektenflug.
Nur tritt dort an Stelle des *statischen* der *aerodynamische Auftrieb*.

Nichts Ungewöhnliches sehen wir ferner darin,
daß einer beim Stehen und Gehen mit seinem Gewicht auf die Erde drückt. Merkwürdiger ist es
aber schon, daß dieser Gewichtsdruck auch nicht
verschwindet, wenn ein Mensch fliegt. Ähnlich wie
oben verteilt sich dann das Gewicht auf die ganze Erdoberfläche, unter der Voraussetzung natürlich, daß der Atmosphäre Zeit gelassen wird, sich ins Gleichgewicht zu setzen.
Ja noch mehr. Würde ein Mensch spurlos verschwinden,
so müßte das im Prinzip z. B. die Polizei von Honolulu
am Fallen des Barometerstandes feststellen können. Denn,
wir erfahren ja immer einen Auftrieb, wobei der Reaktionsdruck sich wieder auf die ganze Erdoberfläche verteilt. Fällt
dieser aber weg, so muß der Atmosphärendruck überall etwas
sinken. Da man Menschen nicht spurlos verschwinden lassen
darf und auch nicht kann, könnte man den Versuch in
folgender harmlosen Form ausführen. Man verschafft sich
ein luftleer gepumptes Gefäß von ungefähr gleichem Rauminhalt und lasse die Luft einströmen! Ich fürchte nur, daß
wir das Sinken des Barometerdruckes mit unseren groben

Abb. 6.
Actio =
reactio.

14

Instrumenten nicht würden nachweisen können. Denn die Druckabnahme betrüge nur etwa 10 Trillionstel Millimeter Quecksilber!

Damit kommen wir nun noch zu jenen sonderbaren „Kräften", die infolge der *Rotation der Erde* auftreten. Feuert man z. B. eine Kugel exakt nach Norden ab, so zeigt sie immer eine kleine Seitenabweichung nach Osten. Diese Beschleunigung nach Osten würde ein unbefangener Beobachter natürlich einer eigentlichen Kraft von bestimmter Größe und Richtung zuschreiben. Wir wissen indessen, daß die Seitenabweichung (Deviation) nur scheinbar ist und mit der Erdrotation zusammenhängt, indem der Bewegungszustand der Erde an verschiedenen Orten verschieden ist. Da wir indessen gewöhnt sind, die mechanischen Vorgänge relativ zur Erde, d. h. zu einer rotierenden und nicht einer ruhenden Kugel zu beschreiben, so ist es zweckmäßig, von solchen *Scheinkräften* zu sprechen. Diese nach dem französischen Ingenieur C o r i o - l i s benannten Kräfte leisten, ihrem fiktiven Charakter entsprechend, niemals Arbeit, treten aber doch verschiedentlich in Erscheinung. So hat man beobachtet, daß bei doppelgleisigen Bahnen, die in Nord-Südrichtung verlaufen, jeweils die äußeren Schienen stärker abgenützt werden, ja daß auch die entsprechenden Seiten von Flußufern einseitig stärker unterhöhlt werden. Ferner steht die Nordostrichtung der *Passatwinde* und die Entstehung der *Zyklone* im Zusammenhang mit den Corioliskräften.

Es wäre vielleicht reizvoll, im Anschluß an diese Dinge die Frage nach Schein und Sein aufzurollen. Ferner wäre es nicht uninteressant, auch den geistigen Kraftbegriff zu streifen. Was ist das Kennzeichen der geistigen und seelischen Kräfte? Wie verhalten sich ihre Gesetze zu den physikalischen? Dies sind indessen Fragen, die wohl ein eigenes Kapitel beanspruchen dürfen. Ich fürchte nur, daß die Kräfte des Physikers hierfür nicht ausreichen und daß wir diesen Kraftartikel besser der Feder eines Philosophen bzw. Psychologen überlassen.

4. Stoß und Impuls.

Hart im Raume stoßen sich die Sachen. Dieser Spruch wird uns kaum viel Neues sagen. Denn alltäglich ist das Stoßphänomen, wie schon die verschiedenen Stöße des Sprachgebrauches andeuten. Wir sprechen nicht nur von Zusammenstößen und Anstößen, sondern auch von Vor- und Verstößen. Interessant dürfte das Thema erst werden, wenn wir nach der Physik des Stoßes fragen. Diese Erscheinung charakterisiert sich dadurch, daß mindestens 2 Körper in zumeist kurzer Zeit eine Bewegungsänderung erfahren, wobei die beiden aus dem Vorgang entweder unverändert *(elastischer Stoß)* oder verändert *(unelastischer Stoß)* hervorgehen. Fast vollkommen elastisch arbeiten Billard- und Spielbälle, unelastisch prallen die Regentropfen auf die Erde und ebenso unelastisch ist leider oft der Zusammenstoß von Fahrzeugen.

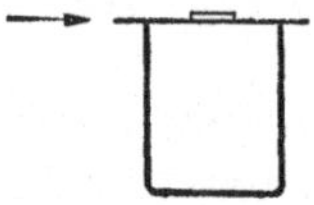

Abb. 7. Impuls.

Fragen wir ganz allgemein nach der Ursache von Bewegungsänderungen, so finden wir sie immer in der Wirkung von Kräften.

Aber auch die stärkste Kraft übt keine Wirkung aus, wenn man ihr keine Zeit läßt. Die Änderung der *Bewegungsgröße,* worunter man das Produkt aus Masse und Geschwindigkeit eines Körpers versteht, ist stets gleich dem *Kraftantrieb* oder *Impuls,* d. h. dem Produkt aus Kraft mal Zeit[1]. Legen wir z. B. eine Reihe von Holzklötzchen aufeinander, etwa Damenbrettsteine, so kann man das unterste leicht seitlich herausschlagen, ohne daß die darüberliegenden fortgeschleudert werden. Während der kurzen Schlagdauer kann eben die Haftreibung nicht zur Wirkung kommen. Legt man auf ein Trinkglas ein Papierblatt und darauf eine Münze, so fällt diese aus dem gleichen Grund in das Glas, wenn das Papier seitlich weggeschnellt wird. Eine Fensterscheibe wird von einer Flintenkugel zwar durchbohrt, aber nicht zersplittert, da der Impuls nicht Zeit hat, sich auf die ganze Glasmasse zu übertragen. Eine solch *lokale Wirkung* erzielt

---

[1] Nicht zu verwechseln mit der ebenfalls üblichen Verwendung der Bezeichnung Impuls für die Bewegungsgröße selbst.

16

man vielfach *bei genügend kleiner Impulszeit.* So setzt sich
eine Papierrolle bei raschem Abreißen des Papierendes nicht
in Bewegung. Auch ein starker Faden läßt sich von Hand
(Zwickel!) ruckartig ohne Schaden zerreißen. In anderen
Fällen ist wieder eine Erhöhung der Kraftwirkung durch
Verlängerung der Wirkzeit erwünscht. So erreicht man mit
langem Flintenlauf eine größere Geschoßgeschwindigkeit als
mit kurzem. Dasselbe wie für den Kraftantrieb oder den Impuls gilt auch für den *Drehantrieb*, d. h. das *Impulsmoment.*
Man wird ein Schwungrad ebensowenig plötzlich ankurbeln
können wie die Weltwirtschaft. Es ist eben das Produkt aus
Kraftmoment mal Zeit maßgebend.

Gleich wie Druck stets Gegendruck auslöst in Physik und
täglichem Leben, so weckt auch *jeder Impuls einen gleich
großen Gegenimpuls.* Diese beiden Sätze sind sogar ursäch-
lich miteinander verbunden. Denn, wenn zu einer Kraft K zu
jeder Zeit eine gleiche Gegenkraft $-K$ existiert, so ist, da
die eine Kraft stets so lange wie die andere wirkt, auch der
Impuls $K \times t$ stets mit einem entgegengesetzten $-K \times t$ ver-
knüpft. Eine Gewehrkugel erfährt daher denselben Impuls
wie das Gewehr und damit auch der Schütze, und bei einer
Ohrfeige erhält der Feigende denselben Kraftantrieb wie der
Gefeigte. Nur wirkt sich das Resultat auf der einen Seite
sichtbarer bzw. angenehmer aus als auf der anderen. Für
irgendwelche Wechselwirkungen gilt ganz allgemein, daß
sich die Bewegungsgröße, eben das Produkt aus Masse und
Geschwindigkeit, bei beiden Körpern um gleich viel ändert.
Je leichter daher ein Körper ist, um so stärker wird er in
seiner Bewegung beeinflußt. So kommt es denn, daß unsere
Erde durch noch so heftige Stöße, wie bei Explosionen und
dergleichen, scheinbar nicht aus der Ruhe zu bringen ist. Wie
wenig der Koloß Erde beeindruckt wird, kann uns ein einfaches Beispiel lehren. Wir wollen einmal annehmen, ein
Eisenbahnzug von 1000 Tonnen bewege sich auf dem Äqua-
tor in östlicher Richtung mit 100 km Geschwindigkeit.
Dann wird zwar die Drehung der Erde verlangsamt und
der Tag würde verlängert. Aber glücklicherweise macht dies
nur etwa $^2/_{1000}$ einer Billionstel Sekunde aus.

Dies soll uns indessen nicht darüber hinwegtäuschen, daß zu jedem Impuls ein entsprechender Gegenimpuls gehört, und daß nicht die nackte Erde, sondern die Erde mit allem was drum und dran hängt, der Unveränderlichkeit des Impulses unterworfen ist. Das kommt z. B. dadurch zum Ausdruck, daß selbst bei den lebhaftesten Vorgängen auf der Erde der *Gesamtschwerpunkt* auch nicht um ein Haar verändert wird. Anders wäre es, wenn etwa eine *Raumrakete* die Erde verlassen sollte. Die Astronomen würden zwar auch im besten Fernrohr noch nichts von einer Bahnänderung der Erde wahrnehmen können. Diese würde aber doch um den Impuls der Rakete ärmer. Auch für die Fortbewegung eines Raumschiffes selbst gilt, wie übrigens für jede *Rakete* oder ein *Raketenauto,* der Impulssatz. Es wird mit demselben Antrieb vorwärts bewegt, mit dem die Explosionsgase rückwärts ausgetrieben werden. Da naturgemäß die Masse des Triebstoffes nur klein sein darf, so muß ihre Ausströmungsgeschwindigkeit sehr beträchtlich sein, damit eine genügende Fahrgeschwindigkeit erzielt wird.

Überall sieht man, daß der Satz von der *Erhaltung* bzw. der *Konstanz des Gesamtimpulses* von souveräner Bedeutung ist. Er gilt unabhängig davon, ob die Vorgänge rein mechanischer Natur sind oder ob dabei eine Umwandlung in andere Energieformen, etwa in Wärme, erfolgt. Der Energiesatz der Mechanik gilt indessen nur für den Idealfall der rein mechanischen Vorgänge.

Eine hübsche Anwendung des Impulssatzes finden wir z. B. bei der *ballistischen Bestimmung von Geschoßgeschwindigkeiten.* Man läßt die Kugel in die Masse eines schweren Pendels einschlagen. Der Impuls verteilt sich dabei auf Geschoß und schwere Masse und wird nun durch den Pendelausschlag gemessen. Hier haben wir den typischen Fall eines völlig unelastischen Stoßes. Ebenso wichtig, wenn auch schwer realisierbar, ist der andere Grenzfall des elastischen Stoßes. Hier müßte die Bewegungsenergie zweier Stoßkörper vor und nach dem Stoß gleich groß sein. Nun hört man aber den Anprall zweier Kugeln immer. Es geht also stets *Schallenergie* verloren, so daß jedenfalls der Anprall im lufterfüllten Raum nie vollkommen elastisch ist. Aber auch im luftleeren Raum ist ein Energieverlust nicht ausgeschaltet, da an der Stoßstelle häufig eine *plastische Verformung* und damit eine *lokale Erwärmung* auftritt. Die Stoßkräfte konzentrieren sich nämlich auf eine sehr kleine Stelle. Ferner sind sie ungeheuer groß. Das folgt aus dem Impulssatz und der Tatsache, daß die *Stoßdauer außerordentlich gering* ist. Damit das Produkt Kraft mal Zeit einen nennenswerten Betrag erreicht, muß eben bei sehr kleiner Zeit die Kraft entsprechend groß sein. Wir können sie sogar zahlenmäßig schätzen. Nimmt man z. B. eine Kugel von 100 g mit einer Geschwindigkeit von 1 m pro sec an, so verliert sie beim Anprall an eine zweite Kugel die Bewegungsgröße $100 \times 100 = 10\,000$. Dies entspricht, da die Stoßdauer mit $1/_{10\,000}$ einzuschätzen ist, einer Stoßkraft von $10\,000 : 1/_{10\,000} = 100$ Millionen Dyn, was ungefähr 100 Kilogramm oder 1 Doppelzentner gleichkommt.

Die Stoßdauer muß natürlich bei größeren Körpern entsprechend größer ausfallen und würde beispielsweise beim *Zusammenprall zweier Erdkugeln* wohl einen Tag und eine Nacht ausmachen. Dieser Fall wäre zweifellos sehr unerwünscht, im übrigen aber recht lehrreich. Die Bewohner der

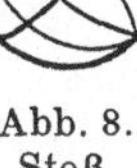

Abb. 8.
Stoß.

Erde I würden natürlich behaupten, daß Erde II auf sie herunterfalle und würden mit deren Bewohnern in Streit geraten, da diese mit gutem Recht das Gegenteil behaupten können. Jedermann würde eben den Bewegungszustand von sich aus beurteilen und daher die anderen als bewegt ansehen. Zweifellos würden sich von einem dritten Weltkörper aus die Verhältnisse wieder anders ausnehmen. Andererseits wird sich aber der Vorgang immer gleich abspielen, unabhängig vom Beobachtungsstandpunkt, und somit ist jede Anschauungsweise gleichberechtigt. Angewendet auf die Bewegungsänderungen auf der Erde kann z. B. ein Flieger ebensogut behaupten, er steige in die Höhe, wie die Erde weiche zurück, und ebensogut kann man im Bahnzug durch die Landschaft fliegen, wie die Landschaft an einem vorbeifliegen lassen. So ist es auch bei Stoßphänomenen. Ob man

z. B. auf einem Amboß hämmert oder auf einem Hammer amboßt, ob man ein Klavier anschlägt oder von ihm angeschlagen wird, die Bewegungsänderungen, die entstehen, sind genau dieselben. Ob man den einen oder anderen Standpunkt einnehmen will, darüber entscheidet nicht die Richtigkeit, sondern nur die *Zweckmäßigkeit*. Wir tun sicher gut, bei der Formulierung der Stoßgesetze die Erde und nicht etwa eine der Kugeln als *Bezugssystem* zu wählen.

Schon, wenn man vom *exzentrischen Stoß* zweier Kugeln, bei dem auch Drehimpulse auftreten, absieht, sind die Resultate interessant genug. Stößt z. B. eine Kugel gegen eine ruhende gleich große, so überträgt sie ihre ganze Bewegung auf diese. Ähnliches tritt ein, wenn sie gegen eine ganze *Reihe ruhender Kugeln* stößt. Legt man eine Anzahl Münzen in Reihe hintereinander und läßt eine weitere gegen die erste Münze aufprallen, so fliegt die letzte weg, und die ganze übrige Reihe bleibt scheinbar unberührt liegen. Trivial ist die Reflexion einer Kugel an einer festen Wand, bemerkenswert aber der Umstand, daß, wenn die Wand mit der halben Geschwindigkeit der ankommenden Kugel zurückweicht, daß diese dann überhaupt nicht zurückgeworfen wird, sondern einfach stehenbleibt. Bei zwei beliebigen Kugeln sind die Verhältnisse etwas komplizierter. Will es aber das Schicksal, daß 2 Kugeln ein zweites Mal zusammenstoßen, dann ist ihr Bewegungszustand so, wie wenn überhaupt nie ein Zusammenstoß stattgefunden hätte. Dieser Fall tritt zuhauf ein bei jenen kleinen, völlig elastischen Kügelchen, die man Gasmoleküle nennt.

Genau besehen handelt es sich weder bei den Stößen im kleinen noch im großen um rein mechanische Vorgänge. Besitzen doch alle Moleküle eine mit Elektronen bepolsterte Hülle. Es ist daher nicht verwunderlich, wenn nicht nur neutrale Teilchen, sondern auch *Ionen* und *Elektronen* die *Stoßgesetze* befolgen. Interessant ist der Fall, wo diese unelastisch an Moleküle anprallen. Dann nehmen diese Energie auf und werden dadurch entweder zur Aussendung von Licht „angeregt", oder aber sie werden elektrisch zersplittert, d. h. ihrerseits in Ionen gespalten. Es tritt das Phänomen der *Stoßionisierung* ein. Zu diesem Zweck müssen allerdings die Ionen und Elektronen erst durch genügend starke elektrische Kräfte angetrieben werden.

Aber nicht nur die Dinge, seien sie elektrisch oder neutral, stoßen sich hart im Raume, sie werden auch ihrerseits wieder gestoßen von immaterieller Strahlung. Die Lichtteilchen, *Strahlquanten* oder *Photonen* können da, wo sie auftreffen, ganz eigenartige Erscheinungen hervorbringen. Einmal üben sie bei der gewöhnlichen Reflexion einen *Strahlungsdruck* aus. Dann aber können sie auch Elektronen ablösen und selbst freie Elektronen in ihrer Bewegung beeinflussen. Diese Wechselwirkung zwischen Strahlung und Materie geht sogar so weit, daß Photonen beim Stoß sich *materialisieren* können und daß umgekehrt Materie auch *zerstrahlen* kann.

War daher ursprünglich das Gebiet des Stoßes ganz auf die Mechanik beschränkt, so hat es uns heute ein neues ungeahnt weites Land der Erkenntnis erschlossen. Es umfaßt nichts weniger als die heute im Mittelpunkt des Interesses stehende *Atomphysik.* Ruck- und stoßweise, diskontinuierlich scheint alles in den winzigen Dimensionen der Atome vor sich zu gehen. Riesig können die dabei umgesetzten Energien sein. Aber eines bleibt bei all diesem völlig unberührt. Das ist der Satz von der Konstanz des Impulses, der als unerschütterlicher Grundpfeiler über all dieser erst halb erforschten Welt steht.

5. Energie.

Wir wenden uns heute dem wohl wichtigsten physikalischen Begriff zu: der Energie. Damit nicht zu verwechseln ist der Energiebegriff, den wir mit dieser Bezeichnung vielfach im gewöhnlichen Sprachgebrauch meinen und der sich auf eine seelisch-geistige Fähigkeit bezieht. Nicht was energisch, sondern was *energetisch* ist, soll uns hier interessieren. Wenn wir von einem Energievorrat sprechen, so meinen wir jenes Etwas, aus dem sich Arbeit gewinnen läßt. Dabei ist uns das Wesen dieses Dinges zunächst noch schwerer zugänglich als das der Kraft. Dies geht schon aus der

historischen Tatsache hervor, daß der Energiebegriff viel
später als der Kraftbegriff erschlossen worden ist und noch
lange mit dem letzteren verwechselt wurde. Man denke an
den irreführenden Titel der berühmten Helmholtzschen
Arbeit „Über die Erhaltung der Kraft“. Noch heute bildet
die Verwechslung den unglückseligen Grund von *Perpetuum
mobile*-Ideen. Man kann beispielsweise nicht die Schwerkraft,
sondern nur die Schwereenergie ausnützen.

Eng hängt der *Energie-* mit dem *Arbeitsbegriff* zusammen.
Hebe ich z. B. ein Gewichtsstück von 1 kg 1 m hoch vom
Boden, so leiste ich Arbeit gegen die Schwere. Diese wird
durch das Produkt aus Gewicht und Hubhöhe gemessen
und beträgt in meinem Fall 1 mkg. Legt man jetzt das Gewicht auf einen Tisch, so bleibt die Gewichtskraft zwar
weiter bestehen. Es findet aber keine
weitere Arbeitsleistung mehr statt. Was
ist nun die Frucht meines Arbeitsauf-
wandes? Ist es etwa nur rein geome-
trisch eine Lagenänderung des Körpers,
oder hat sich auch physikalisch etwas
geändert? Wir erhalten die Antwort sofort, wenn wir das Gewicht über den

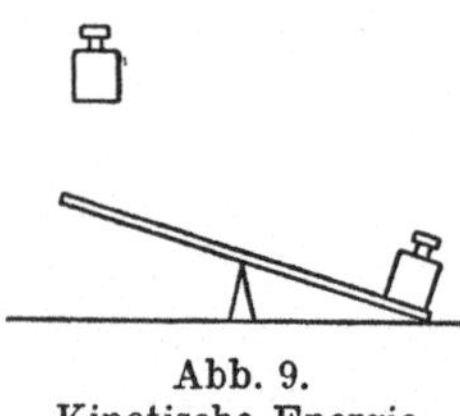

Abb. 9.
Kinetische Energie.

Tischrand hinunterfallen lassen. Durch seine Wucht erzeugt
es Schall oder Quetschungen, oder es kann Mechanismen in
Funktion setzen. Ein gehobenes Gewicht besitzt demnach *Arbeitsvermögen, Energie der Lage* oder *potentielle Energie*.
Diese kann nicht nur durch Verwandlung in *Wucht, Energie
der Geschwindigkeit* oder *kinetische Energie* nutzbar gemacht
werden. Sie läßt sich auch beim langsamen Senken des Gewichts in Arbeit verwandeln. Der Gewichtsantrieb bei Wand-
uhren ist uns ja allen geläufig. Die durch Heben geleistete
Arbeit ist somit nicht verloren, sondern hat sich in potentielle
Energie verwandelt.

Lehrreich ist der Fall, wo die Lagenenergie zur Erzeugung
periodischer Bewegungen verwendet wird. Man lasse etwa
einen gut elastischen Gummiball aus der Hand fallen. Während des Auf- und Abtanzens wird dann fortwährend Lagenenergie in Wucht und umgekehrt hin und her verwandelt.

Beim Fallen wächst die Geschwindigkeit und beim Steigen
verschwindet sie allmählich wieder. Noch schöner sehen wir
das bei jedem Pendel. Man hänge irgendeinen kleinen Gegenstand an einem Faden auf und lasse ihn pendeln. In der
äußersten Pendellage hat er dann seine höchste Lage und
keine Geschwindigkeit, im tiefsten Punkt aber keine Lagenenergie und dafür seine größte Geschwindigkeit. Wären keine
Reibungsverluste vorhanden, so würde die Hin- und Her-
verwandlung ewig dauern. In diesem Fall, wie in jedem Fall
rein mechanischer Vorgänge, gilt das Energiegesetz, daß in
jedem Moment der Bewegung die *Summe von potentieller*
und *kinetischer Energie stets denselben Wert* hat. Dabei ist
unter Wucht das Produkt aus halber Masse und dem Quadrat
der Geschwindigkeit verstanden. Die Lagenenergie ist andererseits für den Fall der Schwereenergie (es gibt auch andere
mechanische Energien!) gleich dem Produkt aus Gewicht
und Höhe, genau wie bei der Arbeit. Dabei ist immer die ver-
fügbare Höhe gemeint. Insofern ist der Wert für die potentielle Energie immer einer gewissen Willkür unterworfen.
Es kommt auf den Bezugsort an! Ein kleines Beispiel. Legt
man sich auf die Erde hin, so ist das Arbeitsvermögen null.
Man braucht aber nur daneben ein Loch in den Boden zu
graben, und schon entwickelt sich in uns, ohne unser Zu-
tun, Arbeitsvermögen. Denn jetzt kann man hinunterfallen.

Wie steht es nun im Falle, wo mechanische Energie verschwindet, was ja bei jedem Mechanismus, und sei er auch
noch so vollkommen, die Norm ist? Denken wir nur an unser
Experiment mit dem Gummiball, bei dem der Tanz in Wirklichkeit allmählich aufhört. Oder nehmen wir gar eine Lehmkugel, die schon nach einmaligem Herunterfallen liegenbleibt.
Hier verschwindet die mechanische Energie plötzlich. Dafür
ist die Lehmkugel aber etwas wärmer geworden! Immer,
wenn mechanische Energie durch *Reibung* vernichtet wird,
entsteht eine entsprechende Wärmemenge. Je 427 mkg geben
eine sogenannte große Kalorie. Es besteht ein fester Umsatz-
faktor, den man das *mechanische Wärmeäquivalent* nennt.
Das soll besagen, daß, gleichgültig auf welche Weise die
eine Energie in die andere verwandelt wird und in welcher

Richtung, mechanische Energie in Wärme oder umgekehrt, immer *427 mkg 1 Cal* entsprechen. Demnach kann nichts verlorengehen. Die Summe an mechanischer und kalorischer Energie ist in jedem Moment die gleiche. Das ist auch leicht verständlich. Denn die *Wärmeenergie* ist nichts anderes als *molekulare mechanische Energie.* Die wahrnehmbaren mechanischen Bewegungen werden in kleinste unsichtbare Bewegungen verwandelt. Dabei muß natürlich der Energiesatz der Mechanik gelten.

Als mechanische Energie ist auch die der *akustischen Wellen* anzusprechen. Das sind mechanische Schwingungszustände, die sich durch Luft, allgemein durch Materie, fortpflanzen. Die Wellenenergie ist analog wie die Schwingungsenergie, z. B. die eines Pendels, dem Quadrat der Schwingungsweite proportional. Das gilt auch für *elektromagnetische Wellen,* die ganz anderer Art sind, da hier sogenannte *elektrische* und *magnetische Kraftfelder* schwingen. Solche Wellen kennen wir die Menge, so die Radiowellen, die Wärme- und Lichtstrahlen, ferner die Röntgen- und Gammastrahlen. Auch für die Umsetzung der Strahlungsenergie in andere Energieformen, z. B. Wärme, gilt der Satz von der Erhaltung der Energie.

Elektrische und *magnetische Energie* kennen wir auch *in potentieller Form.* Im sogenannten Feld eines jeden Magneten liegt Energie aufgespeichert. Läßt man etwa seinen Magnetismus durch Erhitzen auf Rotglut verschwinden, so verwandelt sich die Feldenergie in einen elektrischen Strom im Magnet und dieser wieder in Wärme. Analog erzeugt eine elektrisierte Metallkugel ein elektrisches Feld um sich. Die Feldenergie läßt sich sofort gewinnen, wenn man die Kugel durch einen Draht zur Erde ableitet. Es entsteht dann ein kurzer elektrischer Strom, wodurch sich der Draht erwärmt. Besonders eindrucksvoll wird das Experiment, wenn man statt der Kugel einen geladenen Kondensator von einigen Mikrofarad verwendet. Dann ist das Kraftfeld, hier im Inneren, viel energiereicher. Entlädt man ihn daher durch eine Glühlampe, so leuchtet diese einen Moment hell auf. Trotzdem man heute für die Bedürfnisse der Technik Kondensatoren von gewaltigen Kapazitäten in Masse herstellt, dienen diese doch keinesfalls als Stromquelle für unseren Elektrizitätsverbrauch. Licht- und Kraftstrom entnehmen wir direkt aus den Generatoren. Wir leben also sozusagen von der Hand in den Mund. Der Energieverbrauch eines elektrischen Apparates wird im übrigen gemessen durch das Produkt aus der Spannung am Apparat, dem verbrauchten Strom und der Zeit, d. h. in Volt-Ampere-Sekunden oder *Watt-Sekunden* oder dann in der größeren Einheit Kilowattstunden. Auch die sogenannten Akkumulatoren enthalten keine aufgespeicherte elektrische Energie, wohl aber *chemische Energie,* die sich dann allerdings in elektrische umwandelt. Von den potentiellen Energien ist die chemische eine der wichtigsten (Kohle, Petroleum). Ihr zur Seite steht die *Schwereenergie* (Wasserkräfte, Gezeiten). Von untergeordneter Bedeutung ist die elektrische und magnetische potentielle Energie. Nach Erforschung der Radioaktivität und den Ergebnissen der Relativitätstheorie gibt es allerdings noch einen Energievorrat dieser Art, der die genannten in den Schatten stellt. Es ist die *Energie,* die *in den Atomen,* allgemein in dem, was wir Masse nennen, steckt.

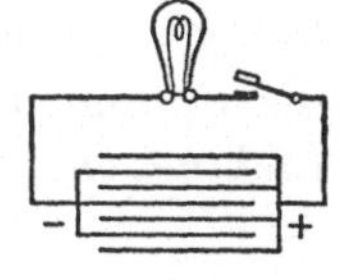

Abb. 10. Potentielle Energie.

Nach Einstein ist jede Masse einer bestimmten Energie äquivalent, deren Wert man findet, wenn man die Masse mit dem Quadrat der Lichtgeschwindigkeit multipliziert. Da die Lichtgeschwindigkeit den ungeheuren Wert von 3oo ooo km besitzt, so stellt also *jede Masse* eine ganz *gewaltige Energieanhäufung* dar. Umgekehrt: verliert ein Körper an Energie, so auch an Masse! Nur macht dies für unsere zumeist nur bescheidenen Energieumsätze gar wenig aus. So wird man z. B. die Gewichtszunahme, die ein Eisenstück beim Magnetisieren erfährt, kaum nachweisen können. Der Massenverlust, den die Sonne infolge ihrer Energieausstrahlung erleidet, ist da allerdings bedeutender. Beträgt er doch je Sekunde 4oo Millionen Tonnen!

Folgendes Beispiel kann die Größe der Atomenergien illustrieren. Wir dürfen annehmen, daß jedes Heliumatom durch die Vereinigung von 4 Wasserstoffatomen entstanden ist. Nun betragen die Atomgewichte von Helium 4 und von Wasserstoff 1,008. Es tritt also beim Zusammenschluß ein Massenverlust oder -defekt von $4 \times 1{,}008 - 4 = 0{,}032$ Einheiten ein. Dem entspricht nach der Relativitätstheorie ein ganz gewaltiger Energiegewinn. Bei der atomistischen Verbrennung von 1 g Wasserstoff würden nicht weniger als 170 Millionen große Kalorien frei. In einer solchen *Heliumfabrik* würde, selbst wenn sie in der Sekunde nur 1 mg Wasserstoff umsetzen würde, noch *ebensoviel Energie* gewonnen, wie in den *gesamten Kraftwerken* in Kembs am Rhein!

In den Atomen liegen also noch unermeßliche Energien brach. Noch haben wir nicht gelernt, sie uns nutzbar zu machen. Doch reicht unsere heutige Erkenntnis wenigstens so weit, daß wir den Energiesatz in seiner allgemeinen, erweiterten Fassung formulieren können. Er lautet: *Bei beliebigen Energieumsetzungen und Massenänderungen bleibt die Summe von Energie und Masse mal dem Quadrat der Lichtgeschwindigkeit konstant.*

6. Resonanz.

Wie es in den Wald schallt, so hallt es zurück, wird man denken, wenn man in ein Klavier hineinsingt und seine Stimme dann heraustönen hört. Und doch hat die Erscheinung mit dem poesieumwobenen Echo nichts zu tun, hier klingt vielmehr eine verwandte Saite, nämlich eine von der gleichen Tonhöhe, mit. Daß zu einer *Resonanz* ein abgestimmtes System erforderlich ist, läßt sich mit Hilfe einer passenden Stimmgabel (z. B. a_2) zeigen, die man vor den halbgeöffneten Mund hält. Bei geeigneter Mundstellung erhält man dann eine ganz bedeutende Tonverstärkung. Beide Beispiele zeigen, daß zum Mittönen drei Dinge nötig sind, ein tönender Körper, ein schwingungsfähiges Gebilde und ein die Anregung übertragendes Mittel. Wir haben einen *Sender*, einen *Empfänger* und ein *Kopplungsglied*. Damit ein *Resonieren*, d. h. eine *maximale Energieübertragung*, stattfindet, kommt als weitere Bedingung hinzu, daß die Eigentöne der beiden Schwinger genau dieselben sind. Besonders einfach sind die Verhältnisse zu übersehen bei langsamen, d. h. bei *mechanischen Schwingungen.* Hier lassen sich sogar einige höchst einfache, aber nicht minder eindrucksvolle Versuche angeben. Man spanne etwa zwischen zwei Türpfosten straff eine starke Schnur und befestige daran in passendem Abstand voneinander (einige Dezimeter) zwei gleiche Pendel. Man kann hierfür z. B. zwei Gewichtsstücke oder zwei gleiche Schuhe an etwa 2 m langen Schnüren verwenden. Jedes Pendel hat dann dieselbe Eigenschwingungsdauer, die sich sogar leicht berechnen läßt. Für den Fall einer an einer Schnur aufgehängten Kugel (mathematisches Pendel) erhält man diese, wenn man die Pendellänge durch die Erdbeschleunigung (981) dividiert und nach Ausziehen der Quadratwurzel noch mit der Zahl 2π multipliziert. Häufig gibt man statt der Schwingungsdauer, insbesondere bei raschen Schwingungen, wie in der Akustik, den reziproken Wert, d. h. die Zahl der Schwingungen pro Sekunde an.

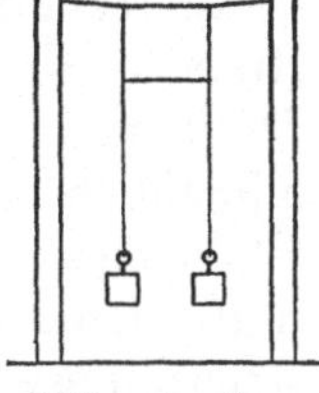

Abb. 11. Gekoppelte Pendel.

Die beiden Pendel können nun sowohl einzeln als gleichzeitig schwingen. Stets zeigen sie die gleiche Schwingungsdauer. Sie sind ja, abgesehen von der kleinen Rückwirkung der Aufhängepunkte aufeinander, unabhängig voneinander. Anders, wenn man zwischen die beiden Pendelschnüre noch eine waagrechte Verbindungsschnur knüpft (etwa $1/2$ m unterhalb der Aufhängung). Dann kann ein Pendel nicht mehr völlig frei schwingen. Es muß durch das Verbindungsglied, d. h. die *Kopplung,* fortwährend am andern zupfen, und nach actio = reactio wird es auch stets vom andern gezupft. Nur in dem speziellen Fall, daß man beide Pendel miteinander anstößt, daß sie also *gleichsinnig* schwingen, ist es so, wie wenn die Kopplungsschnur überhaupt nicht da wäre. Dann ist die *Frequenz der gekoppelten Pendel genau gleich der der ungekoppelten.* Läßt man sie aber *ungleichsinnig* (gegeneinander) schwingen, man sagt, um eine halbe Schwingung gegeneinander verschoben, dann spannt die Kopplung zwar nicht, wenn die Pendel aneinander vorbeischwin-

gen, aber maximal, wenn sie am weitesten auseinander sind.
Die Pendel werden dann nicht nur durch die Schwere, sondern auch noch durch die Kopplungsschnur angetrieben. Die
Erdbeschleunigung ist scheinbar größer, und nach unserer
Formel muß daher die Schwingungsdauer kleiner, die Frequenz größer werden. Die *Pendel schwingen also schneller*,
als wenn sie gleichsinnig schwingen. In beiden Fällen behält
jedes Pendel seine Schwingungsenergie, eine Energieübertragung, die Grundbedingung der Resonanz, ist nicht vorhanden. Anders, wenn die Phasendifferenz zwischen den
Pendeln eine andere ist. Dann werden *beide Kopplungs-
schwingungen gleichzeitig* vorhanden sein und sich in kom-
plizierterer Weise auswirken.

Interessant ist folgender Fall. Wir lassen Pendel 1 in
Ruhe und versetzen Pendel 2 in Schwingungen. Alsobald
fängt auch 1 an, immer stärker zu schwingen, während 2
allmählich zu völligem Stillstand kommt. Die ganze Energie
ist in diesem Moment von 2 auf 1 übergegangen. Natürlich
muß dann der reziproke Vorgang einsetzen, so daß ab-
wechslungsweise bald das eine, bald das andere Pendel in
Schwingung gerät. Die *Schnelligkeit der Energieübertragung*
hängt von der *Stärke der Kopplung* ab. Will man eine ein-
malige Übertragung bewerkstelligen, so braucht man Pendel 2, nachdem es zur Ruhe gekommen ist, nur festzuhalten.
Pendel 1 schwingt dann mit der *gekoppelten Eigenperiode*
weiter. Diese liegt in der Mitte zwischen den beiden Kopp-
lungsperioden, von denen, wie gesagt, die eine die Eigenperiode des ungekoppelten Pendels darstellt. Je stärker die
Kopplung, um so größer erweisen sich die *Unterschiede der
Kopplungsfrequenzen.* Andererseits kann man durch genügend *schwache Kopplung* so gut wie nur *eine einzige Frequenz* erzielen. Bemerkenswert bei der Pendelübertragung
ist der Umstand, daß erregendes und angeregtes Pendel nicht
in Phase schwingen. Denn 2 eilt 1 um eine Viertelperiode
voraus. Dies gilt exakt, unabhängig davon, wie stark die
Dämpfung der Schwingungen ist, also, ob die Schwingungen
z. B. in Luft oder in Wasser stattfinden. Damit haben wir
die Grundgesetze der Resonanz: Auf ein schwingungsfähiges

Gebilde muß eine periodische Kraft von derselben Frequenz wirken, wie sie der gekoppelte Empfänger besitzt, und zwar mit einer *Phasenvoreilung von einer Viertelschwingung.* Die Auswirkung der Resonanz ist besonders augenfällig, wenn man Pendel 2 die während der Übertragung verlorengehende Energie fortwährend nachliefert. Man wird ihm etwa von Hand nach jeder Pendelbewegung einen Schubs geben, ähnlich wie man eine Schaukel antreibt. Dann sieht man Pendel 1 sich immer weiter und weiter aufschaukeln, bis eine gewisse Maximalamplitude erreicht ist. Würde Pendel 1 keine Reibungsverluste aufweisen, d. h. ungedämpft sein, so würde es fortwährend Energie aufstapeln müssen, die Amplituden würden ins Ungemessene steigen. Daher stärkste Resonanz bei schwach gedämpftem Empfänger.

Wie ist es nun, wenn man *zwei ungleiche Pendel* miteinander koppelt? Macht man Pendel 2 etwa um 1 Dezimeter länger oder kürzer als Pendel 1, so wird letzterem eine Schwingung im Tempo von Pendel 2 *aufgezwungen.*

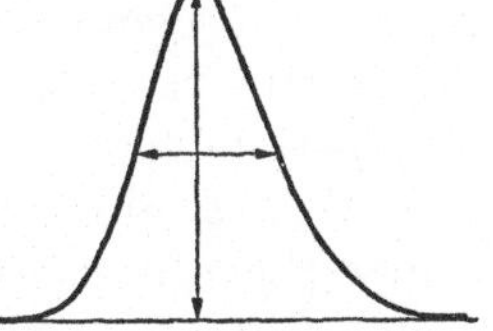

Abb. 12. Resonanzkurve.

Aber auch, wenn man 2 dauernd antreibt, so werden die Amplituden von 1 niemals groß. Wir erhalten starkes Mitschwingen, d. h. eben Resonanz nur im Falle der Übereinstimmung der Eigenfrequenzen. Immerhin, je mehr gedämpft 1 ist, um so stärker wirken auch Erregerfrequenzen, die von seiner Eigenfrequenz entfernt sind. Kann man die Erregerfrequenz etwa kontinuierlich anwachsen lassen, so beobachtet man ein Anschwellen des Mitschwingens bis zu einem Maximum bei der Resonanz und dann wieder ein rasches Abflauen. Das Resonanzmaximum ist um so höher, je schwächer gedämpft der Empfänger. Es würde im Idealfall des Fehlens jeder Dämpfung über alle Maßen zunehmen. Dabei hätten benachbarte Erregerfrequenzen gar keine Wirkung. Je größer umgekehrt die Dämpfung ist, um so niedriger wird das Resonanzmaximum, und die Resonanz wird weniger scharf. D. h., auch benachbarte und allmählich entferntere Frequenzen fangen an, in steigendem Maße

Mitschwingen zu verursachen. Die Resonanzkurve wird breiter und flacher. Ein stark gedämpfter Schwinger, wie ihn etwa das Trommelfell darstellt, spricht auf alle Frequenzen an. Ja, das Ansprechen erfolgt hier, wie auch im Fall der Mikrophon- und Telephonmembran, ziemlich gleichmäßig für alle Töne, da das Gebilde viele Eigenfrequenzen, d. h. eine Grundfrequenz und viele Oberschwingungen aufweist. Solche Schwinger zeigen so viele Resonanzstellen, als sie Eigenfrequenzen besitzen (multiple Resonanz). Wenn nun alle Maxima durch Dämpfung verbreitert werden, so entsteht eine über den ganzen Hörbereich verflachte Resonanzkurve, eben das, was man unzutreffenderweise etwa als *allgemeine Resonanz* bezeichnet, im Gegensatz zur *selektiven*, d. h. auswählenden Resonanz. Den Fall der *multiplen Resonanz* kann man im übrigen leicht am Klavier demonstrieren. Man drückt irgendeine Taste lautlos nieder und schlägt mehrmals kräftig die obere Oktave dazu an (ohne Pedal). Dann hört man jetzt den lautlos angeschlagenen Ton ertönen, aber nicht mit seiner Eigenfrequenz, sondern mit der oberen Oktave, seinem ersten Oberton. Ebenso können die weiteren Obertöne durch Resonanz angeregt werden.

Resonanzen können erwünscht, aber auch sehr unerwünscht sein. Sie werden gebraucht, um *schwache Schwingungen so zu verstärken*, daß man sie leicht feststellen und messen kann. Selbst wenn ganz komplizierte Schwingungen, z. B. Tongemische vorliegen, können die einzelnen Komponenten durch Resonanz herausgeschält und so beobachtet werden. Das ist z. B. das Wesen der H e l m h o l t z schen *Kugelresonatoren* bei der *Klanganalyse*. Auch feste Resonatoren besitzen wir im F r a h m schen *Frequenzmesser*, bei dem eine Reihe verschieden langer Stahlfederchen am einen Ende festgeklemmt und nebeneinander angeordnet sind. Mechanische Schwingungen, die auf die Unterlage wirken, bringen dann immer die entsprechenden Federchen zum starken Schwingen. Die Anregung kann durch Wechselstrom elektromagnetisch erfolgen, so daß auch Periodenzahlen gemessen werden können. Einen solchen Rahmen von Tausenden kleiner Federchen besitzen wir auch im C o r t ischen *Organ* unseres Ohres. Nach der Resonanztheorie des Hörens von **Helmholtz** ist die Tonempfindung auf das Ansprechen dieser kleinen Fasern zurückzuführen. Alltäglich sind die Resonanzen, die der *Aufschauklung* von Bewegungen dienen, so Schaukel- und Glokkenantrieb. Weniger bekannt ist die Benutzung zur *Konstanthaltung* der *Tourenzahl* von Motoren. Hier wird Verwendung vom Umstand gemacht, daß Resonent und Resonator stets um eine Viertelsperiode auseinander schwingen. Unerwünscht sind aber Resonanzen, die im Motor selber oder in seinem Fundament entstehen können. Mangelhafte Symmetrie des Rotors kann bei gewissen *„kritischen" Drehzahlen* zu Resonanzschwingungen der Welle und damit zu Störungen, ja geradezu zu *Zerstörungen* führen. Ein Rotor muß daher sorgfältig *ausgewuchtet* werden, oder es ist für automatische Auswuchtung durch Verwendung biegsamer Wellen zu sorgen. Schwingungen des Fundaments sind durch starke Dämpfung der Unterlage oder durch Einschiebung schwach koppelnder Glieder zu vermeiden. Es ist dies das Gebiet der modernen *Erschütterungs-* und *Lärmbekämpfung*.

Interessant ist die Dämpfung der Schaukelbewegung, des „Schlingerns" der Schiffe. Hier koppelt man mit dem Schiff einen *Schlingertank*, d. h. zwei Wasserbehälter, einen auf der rechten, einen auf der linken Seite des Schiffes, die miteinander in Verbindung stehen. Da die Schiffsschwingung um ein Viertel hinter der Wellenbewegung und die Tankschwingung ein Viertel hinter der Schiffsschwingung nacheilt, so sind Tank- und Wellenbewegung um eine halbe Schwingung gegeneinander verschoben. Sie sind einander gerade entgegengesetzt, suchen sich also zu vernichten. Weitgehende Vermeidung der Resonanz ist ferner bei allen jenen Apparaten erforderlich, welche irgendwelche mechanische Bewegungen oder Sprache und Musik *naturgetreu wiedergeben*, d. h. registrieren sollen. Wie schwer da Unvollkommenheiten zu beseitigen sind, zeigt z. B. die Entwicklung des *Lautsprechers*.

Hier genügt es zwar, daß alle Töne in der richtigen Stärke wiedergegeben werden. Anders bei einem *Registrierapparat*, der irgendwelche *Schwingungskurven* richtig wiedergeben

soll. Hier kommt es nicht nur auf eine getreue Wiedergabe
der Komponenten, sondern außerdem auf richtige Wiedergabe der Schwingungs*phasen* an. Da aber in der Nähe von
Resonanzgebieten stets eine Phasenverschiebung von 90° vorhanden ist, so genügt es nicht, etwa ein Wiedergabesystem
zu verwenden, das keine Eigenschwingungen im Registrier-
gebiet besitzt. Vielmehr ist es nötig, daß es Eigenfrequenzen
besitzt, die weit oberhalb diesem liegen, eine Forderung, die
vielfach überhaupt nicht mehr rein mechanisch, sondern nur
noch auf elektrischem Wege zu erfüllen ist.

Wir wollen nicht schließen, ohne wenigstens kurz das Gebiet der *elektrischen Resonanzen* zu streifen. Solche treten
immer in den sogenannten *Schwingungskreisen* auf. Deren
Zusammensetzung besteht einfach in einem elektrischen Kondensator, an dessen Enden eine Drahtspule angeschlossen ist.
Je größer das Fassungsvermögen des Kondensators und je
mehr Drahtwindungen gewählt werden, um so langsamer
erfolgen die Schwingungen eines solchen Gebildes. Jeder
Schwingungskreis läßt sich daher in einfachster Weise auf
Resonanz abstimmen. Solches nimmt man z. B. vor, wenn man
den Knopf am Radio auf eine Station „einstellt". Wie ferner
jede *Antenne* dokumentiert, können elektrische Schwingungen
sogar in einem bloßen Drahte auftreten. Die Metalle enthalten nämlich freie Elektrizität in Form von Elektronen,
die nun hin und her wandern können. Ja, man kann sogar
einen eigentlichen „Elektronentanz" erzeugen, wenn man
Elektronen loslöst und in den luftleeren Raum hineinbringt.
Es leuchtet ein, daß sich das überaus reichhaltige Gebiet der
elektrischen Resonanzen nicht durchstreifen läßt, ohne den
Rahmen unserer einführenden Darstellung zu sprengen. Wir
müssen uns daher begnügen, wenigstens einen Fingerzeig
zum Verständnis der elektrischen Schwingungen zu geben.
Einen solchen gewinnen wir, wenn wir uns als mechanisches
Modell ein U-Rohr nehmen, in das wir etwas Wasser hinein-
gießen. Bläst man kurz in den einen Schenkel hinein, so
schwingt die Wassersäule auf und ab und versinnbildlicht
so das Hin- und Herfluten des Elektronenstroms. Fließt die
Wassersäule durch ihre Ruhelage, so besitzt sie ihre größte

Geschwindigkeitsenergie, und ist sie am obersten Punkte angelangt, so ist sie einen Moment in Ruhe und besitzt nur Arbeitsvermögen infolge ihres Überdrucks. Ebenso befindet sich beim Schwingungskreis bald Energie in der stromdurchflossenen Spule und bald im geladenen Kondensator. Leider müssen wir verraten, daß die Analogie keine vollständige ist.

7. Wellen.

Bei einer Welle denken wir zumeist an eine Bewegung, seltener an den Konstruktionsteil, den die Maschinentechniker mit dieser Bezeichnung belegen. Das Charakteristische am Wellenvorgang ist, daß sich nicht ein Stoff, sondern nur ein Zustand fortbewegt. Wir sehen das an jedem Kornfeld, über

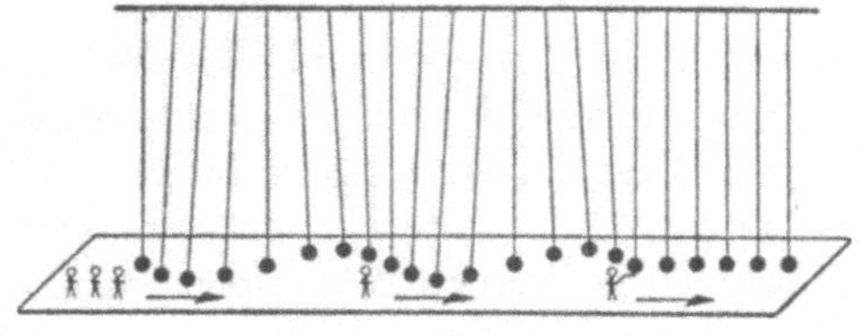

Abb. 13. Querwelle.

das der Wind hinstreicht, besser noch an einem einfachen *Wellenmodell*, das uns auch die elementaren *Gesetze* der *Wellenbewegung* veranschaulichen kann. Wir hängen eine große Zahl gleich langer Pendel in einer Reihe auf und stellen neben das erste einen Mann mit einigen Gehilfen. Dieser Mann schreite nun die Pendelreihe mit gleichmäßiger Geschwindigkeit ab, wobei er im Vorübergehen jedes Pendel seitlich kurz anstößt. Jedes Pendel schwingt nun gleich stark und gleich schnell, aber ein jedes hinkt hinter dem nächstfolgenden um einen kleinen Betrag nach. Je weiter die Pendel auseinanderliegen, um so größer ist daher ihr *Gangunterschied.* Vielleicht ist der Wellenmacher gerade beim neunten Pendel angekommen, da hat das erste schon eine ganze Schwingung ausgeführt. Auf der Strecke liegt dann genau eine Welle, und die Pendelkugeln stellen gerade eine Wellen-

figur dar. In diesem Moment soll der erste Gehilfe mit in
Funktion treten. Er schreite nun seinerseits die Pendelreihe
mit derselben Geschwindigkeit ab, sozusagen als Statist, denn
anzustoßen braucht er die Pendel nicht mehr, die schwingen
von selbst weiter. Aber er wird feststellen, daß er immer an
einem Pendel vorbeikommt, das gerade eine ganze Schwingung ausgeführt hat! Der Wellenmacher und der erste Gehilfe laufen also stets an Pendeln mit gleicher Phase vorbei,
d. h. zwischen ihnen liegt andauernd eine Welle; oder diese
Welle wandert eben mit der Wellenmachergeschwindigkeit
vorwärts. Ist der Gehilfe nun zum neunten Pendel gelangt,
so hat das erste zwei Schwingungen ausgeführt. Ein zweiter
Gehilfe, der nun die Reihe mit abschreitet, wird seinerseits
neben sich dauernd ein Pendel in gleicher Phase haben, wie
Gehilfe 1 und der Wellenmacher. Nun liegt auf der Strecke
eine zweite Welle, die der ersten nachläuft. So gehen von
Pendel 1 scheinbar fortlaufend neue Wellen aus. Der Zustand breitet sich mit Wellenmachergeschwindigkeit aus, wobei aber alle Pendel an Ort und Stelle bleiben.

Wiederholen wir nun unsere Vorführungen etwa mit
Pendeln, die doppelt so schnell schwingen, dann würden wir
natürlich ganz ebenso Wellen erhalten, aber nur von der
halben Länge. Der Wellenmacher würde bis zum Ablauf der
ersten Pendelschwingung nur bis zum fünften Pendel gekommen sein. *Wellenlänge* und *Schwingungszeit* sind einander also streng proportional. Da jede durchlaufene Strecke
geteilt durch die Zeit, die es dazu braucht, die Geschwindigkeit darstellt, so können wir auch sagen, Wellenlänge durch
Schwingungszeit ergibt die Wellenmachergeschwindigkeit bzw.
ganz einfach die Wellengeschwindigkeit. Die Zahl der Wellen, die in der Sekunde auf die Strecke geschickt werden,
findet man, indem man nachsieht, wie oft die Schwingungsdauer in einer Sekunde enthalten ist. Die Frequenz ist also
gleich der reziproken Schwingungsdauer. Die „Wellenglei-
chung" lautet: *Wellengeschwindigkeit = Wellenlänge* mal
Frequenz.

Unsere Wellenmaschine gibt nun den Wellenvorgang
formal richtig wieder, in Wirklichkeit aber verläuft er doch

etwas anders. Da haben wir keinen Wellenmacher, der die Pendel abschreitet und dabei Plein pouvoir für die eigene Geschwindigkeit hat. Da geht die Welle von Pendel 1 allein aus. Alle Pendel sind unter sich *gekoppelt*, so daß sich die Bewegung vom ersten Pendel auf die ganze Reihe überträgt. Es ist der Übertragungsmechanismus, der dann die Wellengeschwindigkeit bestimmt. Ferner muß, da das erste Pendel die Reihe dauernd mit Energie versorgen muß —, sofern „*Dauerwellen*" bestehen sollen —, diesem selbst fortwährend Energie zugeführt werden. Eine richtige Welle erhalten wir z. B., wenn wir einen längeren Gummischlauch waagrecht ausspannen und am freien Ende rasch auf und ab bewegen. Wir sehen in rascher Folge sich *Wellenberge* und *Wellentäler* längs des Schlauches ausbreiten. Charakteristisch ist hier, wie beim Modellversuch, daß die Schwingungen quer zur Wellenausbreitung erfolgen. Wir reden daher von *Quer-* oder *Transversalwellen*. Statt Dauerwellen zu erzeugen, können natürlich auch einzelne Wellenstöße übermittelt werden. Man gebe z. B. dem ausgespannten Gummischlauch einen kurzen Schlag, dann breitet sich die Ausbuchtung mit Wellengeschwindigkeit aus. Solche Transversalwellen gibt es nicht nur *mechanische*, sondern auch *elektromagnetische*. In diesem Falle pflanzen sich nicht mechanische Spannungszustände, sondern elektrische und magnetische Kräfte fort. Da es sich bei Wellen immer um die Ausbreitung eines Schwingungszustandes handelt, gilt für alle ohne Unterschied die Beziehung, daß die Wellengeschwindigkeit gleich dem Produkt aus Wellenlänge und Frequenz ist. Weniger offensichtlich ist der Umstand, daß die Abhängigkeit der Wellengeschwindigkeit vom Material ein *Quadratwurzelgesetz* ergibt. So erhält man für elektrische Wellen die Geschwindigkeit, wenn man die Lichtgeschwindigkeit durch die Quadratwurzel aus dem Produkt von *Dielektrizitätskonstante* und *Permeabilität* dividiert.

Es ist klar, daß wir bei unserem Wellenmodell die Pendel anstatt quer auch längs hätten anstoßen können. Wir hätten dann statt Quer-, *Längs-* oder *Longitudinalwellen* erhalten. Das typische Beispiel hierfür geben uns die Luft- oder

Schallwellen. Ein einfacher Versuch möge uns zunächst zeigen, daß wir es auch hier mit der Ausbreitung eines Zustandes zu tun haben. Wir verschaffen uns ein beiderseits offenes, nicht zu kurzes Glasrohr und blasen ins eine Ende vorsichtig etwas Zigarettenrauch hinein. Jetzt führen wir mit der Handfläche einen kurzen Schlag gegen das Ende aus, wobei wir dieses mit der Handfläche verschließen. Der Rauch wird stehenbleiben, aber die kurze Luftkompression ist durch die Röhre hindurch gewandert, und eine vor das andere Rohrende gestellte Kerzenflamme wird zusammenzucken. Hat man auf das Rohrende zur Verengerung des Querschnitts einen durchbohrten Korken aufgesetzt, so wird sie sogar ausgelöscht. Natürlich kann man statt des „Handschlags" auch aus einiger Entfernung gegen die Rohrmündung blasen und damit die Kerze auslöschen. Dann wird aber auch der Rauch

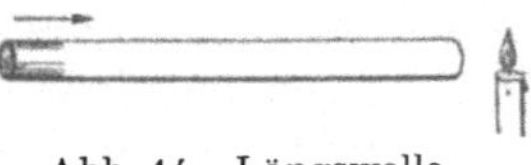

Abb. 14. Längswelle.

fortgeblasen sein! In beiden Fällen haben wir eine Luftbewegung vor uns, aber im ersten eine hin- und hergehende, im zweiten eine fortschreitende. Analog wie hier verhält es sich auch bei einer Luftkompression im freien Raum. Nur erfolgt hier die Ausbreitung allseitig in Kugelgestalt.

Bemerkenswert ist nun für alle Längswellen, daß die Schwingungen mit dem Auftreten von *Luftverdichtungen* und *-verdünnungen* verbunden sind. Unser Wellenmodell läßt dies sofort erkennen, wenn wir die Pendel längs anstoßen. Die Pendel könnten nur dann alle in gleichem Abstand voneinander bleiben, wenn sie in Phase miteinander schwingen. Da dies aber nicht der Fall ist, so schwankt die Dichteverteilung örtlich und zeitlich. Ein praktisches Beispiel hierfür liefert etwa eine schwingende Stimmgabelzinke. Wie leicht einzusehen, bewegt diese nicht nur die Luftteilchen hin und her, sie erzeugt auch fortwährend Verdichtungs- und Verdünnungsstöße, die sich mit den Schwingungen zusammen fortpflanzen. Da jeder Schwingung sowohl eine Verdichtung als eine Verdünnung entspricht, so kann geradezu als Wellenlänge bei Längswellen auch der Abstand zwischen zwei Stellen gleicher Luftdichte angesehen werden. Die Verknüpfung von *Schwingungsbewegungen* und *Dichteschwankungen* des Mittels finden wir nicht nur bei Luft, sondern bei jedem elastischen Körper, ob gasförmig, flüssig oder fest. Es ist daher verständlich, daß die Ausbreitungsgeschwindigkeit des Schalls von der Elastizität des Mittels abhängt. Sie wird um so kleiner sein, je träger der Stoff auf die Kompressionswelle reagiert, d. h. je kleiner seine Elastizität und je größer seine Dichte ist. Zur Berechnung der Wellengeschwindigkeit ist merkwürdigerweise auch hier eine Quadratwurzel auszuziehen, und zwar aus dem Quotienten aus *Elastizitätsmodul* und *Dichte*.

Das Interessanteste, was Wellen zu bieten haben, sind Interferenzen. So nennt man die Effekte, die beim Zusammenwirken von zwei oder mehr Wellenzügen entstehen. Besonders hübsch sind die Interferenzversuche an Wasserwellen. Wirft man etwa zwei Steinchen ins Wasser, so erblickt man zwei ringförmig sich ausbreitende Wellensysteme, die beim Überschneiden an Stellen, wo Berge und Täler zusammenfallen, sich auslöschen, vernichten. Und ähnlich wie hier kann die Addition von zwei Lichtstrahlen völlige Finsternis ergeben. Man muß nur dafür sorgen, daß Wellenberge mit Tälern zusammentreffen oder wie man sagt, daß die Wellen eine Verschiebung von einer halben Wellenlänge aufweisen. Natürlich wäre der Effekt derselbe, wenn zu diesem Gangunterschied noch ein Vielfaches einer ganzen Welle hinzukommt. Denn ein Gangunterschied einer ganzen Welle ist vom Fehlen jeglichen Gangunterschiedes nicht zu unterscheiden.

Auch zwei einander *entgegenlaufende Wellenzüge* können interferieren. Sie liefern dann *stehende Wellen,* d. h. einen stationären Schwingungszustand des Mittels, dadurch gekennzeichnet, daß in regelmäßiger Folge Stellen starker und schwacher Schwingung, d. h. *Bäuche* und *Knoten* aufeinanderfolgen. Auf jeder Halbwelle schwingen die Teilchen in Phase. Jedoch befinden sich aufeinanderfolgende Halbwellen in entgegengesetzter Schwingung. Solche stehende Wellen sind nichts anderes als Schwingungen schlechthin. Man erhält diese immer, wenn man fortschreitende Wellen sich reflektieren läßt. Dadurch ist es ebenso leicht gemacht, Schwingungen aus Wellen, wie Wellen aus Schwingungen zu erzeugen. *Interferenzen* von *Wellen gleicher Frequenz* gehören zu den alltäglichen Dingen. Denn jeder Lichteindruck ist als das Resultat dieser Erscheinung aufzufassen! Dies kommt daher, daß nach H u y g e n s jede von irgendeiner Lichtquelle herrührende Wellenfront auf ihrer ganzen Ausdehnung wieder als selbstleuchtend angesehen werden darf, und daß die Wellenerscheinung außerhalb dieser Front durch die von dieser ausgehenden *Elementarwellen* zustande kommt. Ohne dieses H u y g e n s sche *Prinzip* wären all die zahllosen Beugungserscheinungen in Elektrizität, Optik und Akustik nicht zu verstehen.

Besonders interessant sind die *Interferenzen* zweier Wellenzüge mit *etwas voneinander abweichender Frequenz*. Ein Momentphoto der beiden würde zwei Schlangenlinien ergeben, längs deren aber die Phasendifferenz von Ort zu Ort sich allmählich ändert. Es folgen regelmäßig Stellen aufeinander, wo Berg und Berg, dann Berg und Tal und wieder Tal und Tal zusammenfallen. Wir haben also Stellen maximaler Schwingung, unterbrochen von Totstellen. Diese Schwingungsbäuche und Knoten wandern alle mit der Ausbreitungsgeschwindigkeit der einzelnen Wellen. Bei Luftwellen erhält das Ohr also in rhythmischer Folge *Tonstöße*, d. h. *Schwebungen*. Ihre Zahl ist dabei einfach gleich der Differenz der Schwingungszahlen. Ist diese genügend groß, so hört man die Tonstöße selbst wieder als Ton. Auf diese Weise ist es möglich, durch Kombination die unhörbar hohen Töne des Ultraschalles und auch Radiofrequenzen hörbar zu machen.

Von besonderer Art sind die Schwebungen, wenn *kurze* und *lange Wellen sich ungleich schnell fortpflanzen*. Das ist zum Glück bei Schallwellen nicht der Fall — wie würde sich sonst Sprache und Musik ausnehmen —, wohl aber bei Lichtstrahlen, wenn man sie in irgendeinen Stoff eindringen läßt und sogar bei Wasserwellen, die mit Recht nicht nur die Bewunderung der Poeten, sondern infolge ihrer interessanten Struktur auch die des Physikers erregen. *Wasser-*

wellen sind nämlich weder Längs- noch Querwellen, sondern vollführen eine *kreisende Bewegung* in Richtung der Ausbreitung. Gezügelt werden sie stets durch zwei ganz verschiedene Faktoren, nämlich die *Erdschwere* und die *Oberflächenspannung* des Wassers, wobei natürlich wieder ein Quadratwurzelgesetz maßgebend ist!

Falls nun die Wellen „*Dispersion*" zeigen, so bewegen sich Bäuche und Knoten nicht mehr mit derselben Geschwindigkeit, wie die einzelnen Wellen, d. h. die Geschwindigkeit der *Wellengruppen* ist nicht gleich der Wellengeschwindigkeit. Wir müssen *Gruppen-* und *Phasengeschwindigkeit* unterscheiden. Erstere bestimmt die Schnelligkeit der Energieausbreitung und damit die Möglichkeit der Signalgebung und wird demgemäß auch *Signalgeschwindigkeit* genannt. Diese ist größer oder kleiner als die Phasengeschwindigkeit, je nachdem letztere mit wachsender Wellenlänge ab- oder zunimmt. Es kann sogar der verblüffende Fall eintreten, daß auch bei größter Phasengeschwindigkeit zweier Wellen ihre Gruppen völlig stille stehen! Es braucht nur die Phasengeschwindigkeit gerade der Wellenlänge proportional zu sein.

Wir werden uns nicht wundern, wenn man solche feststehende, abgegrenzte *Wellenpakete* etwa mit ruhenden Masseteilchen, z. B. mit Elektronen identifiziert hat. Denn Masse bedeutet ja nichts anderes als Energieanhäufung. So wird auf Grund der modernen *Wellenmechanik* jedem Teilchen eine *Materiewelle* zugeordnet, deren Phasengeschwindigkeit allerdings diejenige des Lichts übertreffen muß, deren Gruppengeschwindigkeit aber nichts anderes als die gewöhnliche mechanische Geschwindigkeit bedeutet. Änderung der mechanischen Bewegung ist dann gleichbedeutend mit der Änderung des Dispersionszustandes von Materiewellen. So sind denn die Interferenzerscheinungen nicht nur zur Erklärung von optischen bzw. elektromagnetischen, sondern auch von mechanischen Erscheinungen berufen, und auf Grund derselben ist es möglich, die scheinbar unversöhnlichen Gegensätze zwischen Korpuskular- und Wellentheorie des Lichts zu überbrücken.

8. Schall.

Daß wir unter Schall etwas sehr Vergängliches verstehen, darin sind wir wohl einig. Könnte sonst Goethes Faust „Schall und Rauch" in einem Atemzug nennen? Nicht so einheitlich wird die Antwort lauten, wenn wir danach fragen, was wir unter Schall verstehen. Im täglichen Leben bezeichnet man damit all das, was man durch das Ohr wahrnehmen kann. Wohl wissen wir, daß der Schallreiz von außen kommt, doch wird häufig ganz einfach die *Schallempfindung* mit dem Schall identifiziert. In diesem Sinn ist der Schall Gegenstand der *Physiologie*. Dieser Auffassung entspricht die Klassifikation der *Schallqualitäten*, die man einteilt in Geräusche, vom leisesten Flüstern, Wispern, Zirpen angefangen bis zum Brausen, Donnern, Krachen und dann in Töne und Akkorde. Auch was wir *Intensität* des Schalles nennen, ist von diesem Standpunkt aus durch die Physiologie des Ohres bedingt. Die Stärke der Empfindung wächst nicht proportional mit der Stärke des *Schallreizes*, sondern ist nach dem Weber-Fechnerschen *Gesetz* dem Logarithmus des Reizes proportional, wächst also viel weniger schnell als dieser. Auch hört unterhalb einer bestimmten *Reizschwelle* jede Empfindung auf. Dies führt zu sehr interessanten Konsequenzen. Fügt man z. B., während musiziert oder geredet wird, Lärm hinzu, so erscheint uns die Musik schwächer und die Rede weniger verständlich. Im übrigen eine alltägliche Erscheinung. Auf der Schallempfindung basierend ist als Intensitäts- oder besser als *Lautstärkeeinheit* in Deutschland das „*Phon*" und in Amerika das „*Dezibel*" ($^1/_{10}$ Bel) festgesetzt worden. Letztere ergibt um etwa 3,8 größere Zahlenwerte.

Von Interesse ist, daß die Lautstärke verschieden hoher Töne, auch bei gleichbleibender Reizstärke (gleichstarke Schallquelle), ganz ungleich ist. Am empfindlichsten ist das Ohr bei etwa 2000 hz (Hertz = Schwingungen). Unterhalb etwa 16 hz hört die Empfindung auf, desgleichen bei über etwa 20000 hz. Die untere und namentlich die obere *Hörgrenze* sind übrigens großen Schwankungen von Individuum zu Individuum unterworfen. Auch mit zunehmendem Alter nimmt der Hörbereich ab. Aus all dem geht hervor, daß akustische Versuche, bei denen die Schallempfindung zu Hilfe genommen wird, mit Vorsicht zu bewerten sind. Trotzdem möchten wir das Ohr als Schallindikator keineswegs entbehren. Denn in gewisser Hinsicht ist seine Leistungsfähigkeit erstaunlich. Luftschwingungen von einer Schwingungsweite entsprechend einem Moleküldurchmesser werden schon gehört, und Zeitunterschiede von $1/_{10\,000}$ sec werden bereits bemerkt, was indirekt durch den Umstand, daß wir bei zweiohrigem Hören die Schallrichtung sehr genau angeben können, zum Ausdruck kommt.

Indessen können wir uns mit der Physiologie des Schalles nicht zufrieden geben. Die Erkenntnis, daß der Schall etwas, das von außen auf unser Ohr wirkt, ist, eine Energieform, die unabhängig vom Vorhandensein irgendeines Organismus da ist, muß uns notwendig zu der physikalischen Bedeutung des Schallbegriffes führen: Luftschall ist Schwingungszustand der Luft, der sich ausbreitet. Die Ausbreitungsgeschwindigkeit nennen wir Schallgeschwindigkeit. Da Schall in jedem Körper, ob fest, flüssig oder gasförmig, vorhanden sein kann, so wird man jede elastische Störung (Deformation) eines Mediums, die sich ausbreitet, als *physikalischen Schall* bezeichnen. Hiernach ist die Lehre vom Schall also nichts anderes als *dynamische Elastizitätslehre.* Schallintensität bedeutet physikalisch auch etwas ganz anderes als physiologisch. Allgemein ist sie gleich dem Produkt aus Schallgeschwindigkeit und Schalldichte (Energie pro Volumeneinheit). Sofern die Luftteilchen gewöhnliche Pendelschwingungen ausführen, so daß wir einen reinen Ton vor uns haben, ist die Schallintensität leicht zu berechnen. Sie ist gleich dem halben Produkt aus der Maximalgeschwindigkeit der schwingenden Teilchen und der durch die Schallwelle hervorgerufenen Druckschwankung. Wie hieraus sehr schön hervorgeht, ist für die Schallwellen in gleicher Weise die Schwingungs*bewegung* der Lufteilchen und die hierdurch hervorgerufene Luft*druckschwankung* charakteristisch. Daß in einer Schallwelle aufeinander Kompressions- und Expansionsstellen folgen, geht unmittelbar aus der Tonbildung an

der sogenannten *Lochsirene* hervor. Dies ist einfach eine
runde Scheibe, die auf einem Kreise gleichmäßig angeordnet
einen Kranz von Löchern besitzt. Richtet man einen Luft-
strahl gegen den rotierenden Lochkranz, so wird er in
regelmäßiger Folge bald durch ein Loch hindurchgelassen,
bald durch die Scheibe abgeschnitten. Hinter der Scheibe
entstehen also Verdichtungsstöße, deren Zahl pro Sekunde
durch das Produkt aus Tourenzahl und Lochzahl gegeben ist,
und die einen Ton von eben dieser Frequenz erzeugen. Die
Verdichtungs- und die dazwischenliegenden Verdünnungs-
stellen pflanzen sich nun mit Schallgeschwindigkeit durch die
Luft fort, ohne daß diese selbst im übrigen mitbewegt würde.

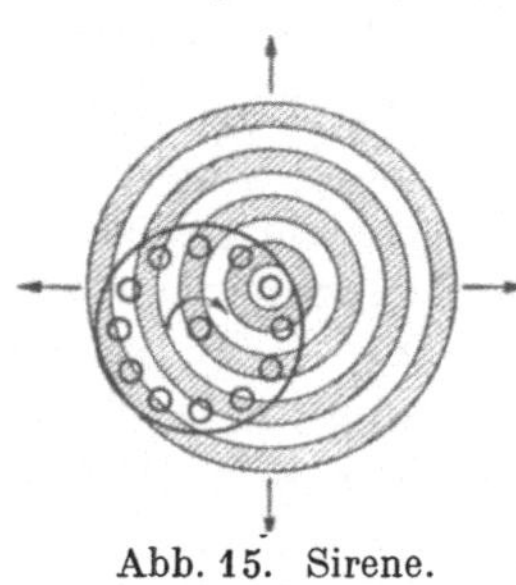

Abb. 15. Sirene.

Da die Verdichtungsstellen Kompres-
sionswärme enthalten, so haben wir
hier den Fall vor uns, daß Wärme
mit Schallgeschwindigkeit fortgepflanzt
wird. Als Schallaufnahmeorgane kennen wir sogenannte *Schallempfänger*,
welche auf die Bewegung der schwingenden Luftteilchen und andere, die auf
die Druckschwingungen ansprechen. Als
Beispiel eines *Bewegungsempfängers*
nennen wir die feinen Fasern des Cortischen Organs im
Ohr, eines *Druckempfängers*, das Trommelfell.

Daß der Schall zur Ausbreitung Zeit gebraucht, ist uns
allen geläufig. Man denke an den Zeitunterschied zwischen
Blitz und Donner, der bei nur 1 km Entfernung schon 3 sec
ausmacht. Genau beträgt die *Schallgeschwindigkeit* 340 m
pro sec, bei 15° C, wird also von der Geschoßgeschwindigkeit bei weitem übertroffen. Sie ist, gleiche Temperatur vorausgesetzt, in der dünnen Stratosphäre ebenso groß wie auf
der Erde. Sie steigt aber mit der Temperatur, für jeden
Grad um etwa 2%. Die Schallgeschwindigkeit in festen und
flüssigen Körpern ist infolge der geringeren Kompressibilität
viel größer.

Während alle Verdichtungswellen, z. B. die gewöhnlichen
Schallwellen, longitudinalen Charakter haben, gibt es in festen
Körpern auch transversale Wellen. Denn feste Körper be-

sitzen außer *Volumelastizität* auch *Formelastizität*. Hängen wir etwa einen Stab auf und schlagen gegen das eine Ende, so bekommen wir eine Kompressionswelle, d. h. gewöhnlichen Schall, schlagen wir ihn auf der Seite an, dann entstehen transversale Biegungswellen, und drillen wir ihn am einen Ende, so entstehen transversale Torsionswellen.

Die Schallstärke nimmt in bekannter Weise mit dem Abstand von der Schallquelle ab. Höhere Töne verlieren ihre Kraft aber schneller als tiefe, da sie in der Luft eine stärkere Absorption erfahren. Darum ist auch aus größerer Entfernung das gesprochene Wort, selbst bei genügender Schallstärke, nur schwer verständlich. Die hohe Töne enthaltenden Konsonanten gehen eben verloren. Besonders stark ist die Absorption beim „*Ultraschall*", d. h. bei Frequenzen oberhalb der Hörgrenze.

Eine weitere Eigentümlichkeit des Schalls ist die Fähigkeit, um die Ecken herum gehen zu können. Diese *Beugung* der Schallstrahlen ist bei hohen Tönen wiederum wesentlich schwächer als bei

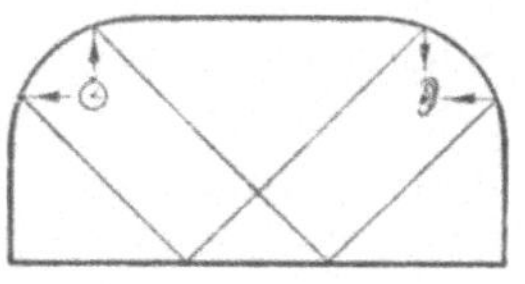

Abb. 16.   Flüstergewölbe.

tiefen. Folgendes Experiment zeigt das ohne weiteres. Man reibe etwa Daumen und Zeigefinger der linken Hand vor dem linken Ohr. Man hört ein aus sehr hohen Tönen zusammengesetztes Geräusch. Bedeckt man jetzt das linke Ohr mit der rechten Hand, so verschwindet das Geräusch völlig, da der Schall nicht um den Kopf herum zum rechten Ohr gelangen kann. Interessant sind die *Reflexionsphänomene*, von denen am bekanntesten die Erscheinungen des *Nachhalls* und des *Echos* sind. Geradezu berühmt sind die sogenannten *Flüstergalerien*, wie z. B. in der Paulskirche in London und der Kathedrale in Girgenti, in denen der Schall durch elliptisch gewölbte Flächen, analog wie Licht in einem Hohlspiegel, konzentriert wird. Die *Vielfachreflexion* ist ferner der Grund dafür, daß in unterirdischen Räumen der Schall längere Zeit andauern kann. Ein solches Nachhallen, selbst in geringem Maße, ist natürlich für Musik- und Vortragssäle nicht geeignet. Auch eine *Brechung* der Schallstrahlen ist beobachtet worden, z. B. in den höheren Schichten unserer Atmosphäre.

Damit zusammen hängt das Auftreten der geheimnisvollen *Zonen des Schweigens.* So nimmt z. B. die Wahrnehmbarkeit von Kanonendonner nicht gleichmäßig mit der Entfernung ab, sondern sie verschwindet allmählich, um bei größerer Entfernung wieder aufzutauchen.

So interessant aber alle diese Erscheinungen auch sein mögen, bilden sie keineswegs den Grund für die steigende Bedeutung, welche die *Schalltechnik* erlangt hat. Die Schalllehre ist auch nicht mehr das Stiefkind der Physiker, das sie bis in die Neuzeit hinein war, sondern sie steht heute im Vordergrund des Interesses. Dazu beigetragen haben die modernen *Transformationsmöglichkeiten des Schalles* in entsprechende Schwankungen des elektrischen Stromes, der Licht- und elektrischen Wellen, ferner die Erfindung der Schallverstärker. Und weiterhin sind neue Verfahren aufgetaucht für die *Fixierung des Schalles.* Die Träume des Barons Münchhausen, der uns vom Einfrieren der Fanfaren im Posthorn und dem Wiederauftauen derselben am warmen Ofen berichtet, sind heute nackte Wirklichkeit geworden. Nicht nur, daß wir den Schall auf der Grammophonplatte festhalten können, nein, heute können wir ihn photographieren und z. B. als Tonfilm mit dem Lichtfilm zusammen reproduzieren. Kein Wunder, wenn wir gegenwärtig mit Schall, sei es aus primärer oder sekundärer Quelle, verstärkt und unverstärkt, überschüttet werden. Rechnen wir dazu die steigende Lärmzunahme infolge des modernen Verkehrs, so verstehen wir, daß auch die *Abwehrmaßnahmen gegen Schallbelästigung* immer stärker eingesetzt haben. Der Schalltechnik ist ein ganz neuer Aufgabenkreis zugefallen, der, wenn auch die Schattenseiten betreffend, eben doch wiederum die Bedeutung des Gebietes nur noch gesteigert hat. Leider kann man Schall nicht so einfach abdämmen wie etwa das Licht. Wir kennen z. B. keine Fensterläden gegen Straßenlärm, und selbst wenn wir die Zimmerwände mit Teppichen auskleideten, wie seinerzeit Richard Wagner, so würde keine ideale Dichtung entstehen, ich meine natürlich *Schalldichtung.* Hingegen hat die moderne Schalltechnik die Wege zur Verhütung von Schall und Erschütterungen gezeigt

44

und hat einer ganzen Industrie gerufen, die sich bereits mit Erfolg mit der Herstellung schallsicherer Räume und Bauten befaßt.

9. Physik und Musik.

Le ton fait la musique, heißt es. Ebensogut könnte man sagen, der Ton allein macht nicht die Musik. Denn das Zeitliche, das Nacheinander, und damit der Rhythmus spielen eine ebenso große Rolle. Die Musik bewegt sich aber ganz in der Tonwelt und beruht damit auf physikalischer Grundlage. Daran ändert auch nichts der Umstand, daß die Tonempfindung etwas Subjektives ist, das physiologisch-psychologisch bewertet werden muß. Denn letzten Endes sind es eben die von außen auf das Ohr einwirkenden Vorgänge, welche die Tonempfindung bestimmen. Die physikalische Akustik bietet daher hohes musikalisches Interesse.

Was wir beim Hören verschiedener Töne unterscheiden, ist zunächst die *Tonhöhe*. Schlägt man z. B. eine große und eine kleine Stimmgabel an, so ist der erste Ton „tief“, der zweite „hoch“. Wenn man nun die Zahl der Schwingungen untersucht, welche die Stimmgabelzinken machen, so findet man, daß die kleine Gabel viel mehr Schwingungen ausführt als die große. Jeder Tonhöhe entspricht eine bestimmte *Schwingungszahl;* dem a_1, auf das die Instrumente abgestimmt werden, beispielsweise 435. Die Tonübertragung zum Ohr findet so statt, daß die gegen- und auseinanderschwingenden Zinken einer Stimmgabel die angrenzende Luft mit in Vibration versetzen. Dieser Schwingungszustand pflanzt sich durch die Luft hin bis zum Ohr fort. Das Trommelfell macht also dieselbe Zahl Vibrationen wie die Stimmgabelzinke. Die Höhe eines Tones ist daher völlig bestimmt durch die Zahl oder *Frequenz* der Schwingungen, die ein Musikinstrument ausführt.

Von was hängt nun die *Tonstärke* ab? In erster Linie maßgebend ist die Stärke, mit der ein Instrument schwingt. Aber ebenso wichtig ist die Güte der *Schwingungsübertragung* an die Luft. Am besten überträgt man die Schwingungen erst auf einen guten *Schallstrahler*. Da der Stiel einer Stimmgabel ebenso wie die Zinken schwingt, braucht man diesen nur auf eine Tischplatte aufzusetzen, und schon erhalten wir einen bedeutend lauteren Ton. Die Schwingungsübertragung durch die Zinken ist aber auch darum nicht vorteilhaft, weil die Luft auf der Innen- und Außenseite der Zinken in entgegengesetzte Bewegung versetzt wird, was natürlich das Gesamtresultat schwächt. Schneidet man aus einem Karton einen Streifen heraus, in den man eine der schwingenden Zinken hineinhalten kann, dann verstärkt sich der Ton wesentlich. Noch geringere Lautstärke als schwingende Stimmgabelzinken würden schwingende Saiten ohne Schallstrahler ergeben. Für die Güte eines Instrumentes bestimmend ist daher der Bau des Kastens bei Streichinstrumenten und des Holzrahmens im Klavier.

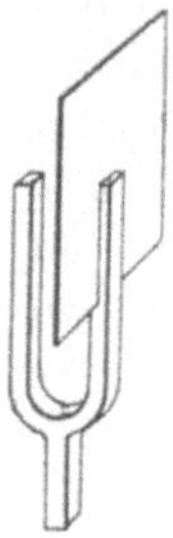

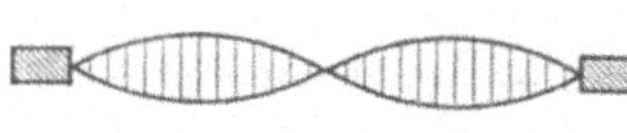

Abb. 17. Schallverstärkung.

Noch ein Drittes ist charakteristisch für einen Ton. Man schlage denselben Ton auf einem Klavier an und streiche ihn auf einer Geige. Der Klang ist grundverschieden. Der gleiche schwingende Körper, hier eine Saite, kann also Töne verschiedener *Klangfarbe*, oder sagen wir einfach, verschiedene *Klänge* geben. Es ist nicht schwer, hinter dieses Geheimnis zu kommen. Zunächst stellen wir fest, daß eine gespannte Saite zu ganz verschiedenen Tönen angeregt werden kann. Wir streichen sie einmal wie gewöhnlich an und ein zweites Mal, indem wir sie mit dem Finger in der Mitte leicht berühren. Wir hören einen um eine Oktave höheren Ton, d. h.

Abb. 18. Oberton Nr. 1.

die Schwingungszahl hat sich verdoppelt. Die Saite schwingt jetzt mit zwei Hälften. Es ist so, wie wenn zwei Saiten von der halben Länge schwingen würden. Auch Schwingungen von der dreifachen, vierfachen Zahl usw. können wir bekommen, wenn wir die Saite in $^1/_3$, $^1/_4$ der Länge usw. beim Anstreichen leicht berühren. Diese Töne sind unter der Bezeichnung *Flageolet* allgemein bekannt. Wichtig ist die Tatsache, daß die Saite auch nach Aufheben der Berührung mit dem Finger mit dem betreffenden Flageoletton weitertönt.

46

Eine Saite kann daher selbständig mit der 1-, 2-, 3-, 4fachen usw. Schwingungszahl tönen. Es kommt nur auf die Anregung an. Sie kann also geben den *Grundton,* die *Oktave,* darüber die *Quinte,* die *zweite Oktave,* und über dieser die *Terze* usw. Andere Schwingungen als solche harmonische sind allerdings nicht möglich, da die Saite nur ganzzahlig in einzelne Schwingungen unterteilt werden kann. In Wirklichkeit schwingt nun eine Saite nie mit dem Grundton allein, sondern *gleichzeitig* mit einer Anzahl von Obertönen zusammen. Das Vorhandensein der *Obertöne* ist leicht zu demonstrieren, des ersten so: Man streicht eine Saite an und berührt sie *nachher* kurz in der Mitte. Dadurch löscht man den Grundton aus. Die Saite tönt mit der oberen Oktave weiter. Kurzes Berühren nach dem Anstreichen in $^1/_3$, $^1/_4$, $^1/_5$ der Länge läßt die betreffenden Obertöne heraustreten. Die Saitenschwingungen können sich also nur dadurch voneinander unterscheiden, daß dem betreffenden Grundton *harmonische* Obertöne in wechselnder Zahl und Stärke beigemischt sind. Andere Schwingungsmöglichkeiten gibt es nicht. Der verschiedene Klang, den ein und dieselbe Saite geben kann, ist eindeutig durch Grundton und Obertöne bestimmt. Allerdings könnte noch die sogenannte *Phase* der Schwingungskomponenten eine Rolle spielen. Denken wir uns einmal nur Grundton und ersten Oberton vorhanden. Dann könnte z. B. das Auf und Ab der Hauptschwingungen und der Oberschwingungen *gleichzeitig* durch die Ruhelage hindurch erfolgen. Die Schwingungen wären in Phase. Die Oberschwingung kann aber auch um irgendeinen zeitlichen Betrag hinten nach hinken. Versuche haben nun gezeigt, daß mit einem Einfluß der Phase auf den Klangcharakter nicht gerechnet werden muß. Zu beachten ist, daß diese und auch die folgenden Darlegungen zunächst nur für *Dauerklänge,* also für ungedämpfte Schwingungen gelten. In Wirklichkeit kommt aber noch die Erzeugung und das Abklingen der Töne hinzu. Die Art der *Einschwing-* und *Ausschwingvorgänge* ist aber für den Klangcharakter mitbestimmend. So haben wir bei dem Klavierton eine rasche Tonbildung und ein langsames Ausklingen, beim Geigenton jedoch werden während des

Streichens dauernd Töne neu erregt und wieder gedämpft. Wir erhalten schon darum einen völlig anderen Klangcharakter.

Die komplizierten Saitenschwingungen und damit ihren Klang zu *analysieren* ist nicht gerade einfach, sind doch schon die *Schwingungskurven* an einzelnen Stellen einer Saite verschieden! Man bedenke nur, daß in der Saitenmitte z. B. alle ungeradzahligen Oberschwingungen fehlen, da für diese dort ein Schwingungsknoten liegt. Man kann aber die Schwingungskurve eines mit der Saite gekoppelten Schallstrahlers aufnehmen und nachsehen, wie sie aus Grundschwingung und harmonischen Oberschwingungen zusammengesetzt ist. Gleich wie bei Saiten bestimmen auch bei Blasinstrumenten, insbesondere bei den Lippenpfeifen, die harmonischen Obertöne den Klangcharakter. Instrumente mit schwingenden Stäben und Platten besitzen aber durchwegs *unharmonische* Obertöne. Das gibt ihnen auch den metallischen Klang. Was wir zu hören bekommen, sind zumeist Klänge und nicht Töne. Nur richtig gestrichene Stimmgabeln oder passend gebaute *elektro-akustische Apparate* kommen als *Reintongeber* in Betracht.

Auf den ersten Blick merkwürdig muß es erscheinen, daß uns ein Klang nicht als *Akkord* erscheint. Dies hat seinen Grund zum Teil darin, daß die Obertöne im Verhältnis zum Grundton zumeist schwach sind. Der Eindruck eines akkordmäßigen Zusammenklangs verlangt aber, daß die einzelnen Tonstärken einigermaßen von derselben Größenordnung sind. Immerhin gibt es Fälle, wie bei der Rohrflöte, wo einzelne Obertöne recht intensiv sind, so daß diese Erklärung nicht stichhaltig ist. Zur Erklärung der Einheitlichkeit der Klangwirkung kann weiter die Beschaffenheit unseres Ohres, insbesondere des Trommelfells herangezogen werden. Letzteres ist ein sogenannter *asymmetrischer Schwinger*, d. h. es schwingt ein- und auswärts ungleich stark. Dadurch erzeugt es zu jeder ankommenden einfachen Schallschwingung noch eine Reihe weiterer, und zwar gerade auch die harmonischen Obertöne. Wir hören also schon gewohnheitsmäßig jeden einfachen Ton mit seinen Harmonischen gemischt. Da ist es verständlich, daß wir auch bei zusätzlichen Harmonischen einen Klang noch als einheitlich empfinden. Im übrigen ist es aber bei einiger Übung nicht schwer, stärkere Obertöne einzeln herauszuhören.

Im Anschluß an die Klanganalyse wollen wir nun auf das Verhältnis von zwei und mehr Tönen zueinander eintreten. Hier begegnet uns zunächst die merkwürdige Tatsache, daß der musikalische Eindruck, den ein *Zweiklang* hervorruft, immer nur vom Verhältnis der Schwingungszahlen abhängt. So geben z. B. die Frequenzen 435 und 870 (a_1 und a_2) sowie 512 und 1024 (c_2 und c_3) den Eindruck einer Oktave. Ferner sind die Frequenzverhältnisse, d. h. die *physikalischen Intervalle* zahlenmäßig meist recht einfach für die musikalischen Akkorde. Verwendet werden aber in erster Linie Akkorde, die das Ohr angenehm berühren, d. h. solche, die *konsonant* und nicht *dissonant* sind. Wie erklärt sich das alles? Ist es hier vielleicht auch so wie bei dem bedeutungsvollsten Zweiklang im Leben, der Ehe, daß die Harmonie auf der inneren Verwandtschaft der Komponenten beruht? Welches wäre aber nun die *Verwandtschaft* zwischen zwei konsonanten Klängen? Helmholtz gibt hierauf die Antwort: Klänge sind verwandt, wenn sie gemeinsame Harmonische besitzen und sind um so ähnlicher und konsonanter, je größer deren Zahl. Zwei gleiche Klänge verschmelzen z. B. vollkommen zu einem Unisono. Die Oktave kommt dem Unisono ebenfalls sehr nahe, da der obere Ton keine anderen Harmonischen enthält als der Grundton. Konsonant sind daher auch die Quinte, ($3/2$), die Quarte ($4/3$), die große Terze ($5/4$) und die kleine Terze ($6/5$). Die Konsonanz eines Ganztons (groß und klein, $9/8$ und $10/9$) oder gar eines Halbtons ($16/15$) ist schon problematisch. Kleine Intervalle (Zahl in der Nähe von 1) sind immer dissonant.

Das ist leicht zu verstehen. Lassen wir zwei fast gleich hohe Töne miteinander erklingen, so beobachtet man die sogenannten *Schwebungen*, d. h. ein rhythmisches Abflauen und Anwachsen der Tonstärke. Die Zahl der Schwebungen ist gleich der Differenz der beiden Schwingungsfrequenzen, sie wächst also mit zunehmendem Intervall. Bei dem Halbton c_1

cis_1 erhält das Ohr pro sec etwa 34 Tonstöße. Dieses *akustische Flackern* ist nun aber ebenso unangenehm wie das optische Flimmern für das Auge bei rasch wechselndem Lichtreiz (Flimmerbude!). Warum können nun aber auch große Intervalle dissonant sein, z. B. die Septime c_1 h_1? Nun, hier „interferiert" eben der erste Oberton von c_1, d. h. c_2 mit h_1, und erzeugt *Schwebungsstöße*. Weitgehend wird das wieder vermieden, wenn man verwandte Töne zusammenklingen läßt. Daher Konsonanz, wenn ein Intervall sich durch das Verhältnis zweier im allgemeinen kleiner ganzer Zahlen darstellen läßt. Eine genaue Grenze zwischen Konsonanz und Dissonanz ist naturgemäß nicht anzugeben.

Die Gesetze, die wir für das *Zusammen* der Töne, d. h. für die Akkorde, gefunden haben, müssen nun offenbar auch für das *Nacheinander*, d. h. für die *Tonführung* und *Melodie* gelten. So rasch auch unser Ohr den Tönen zu folgen vermag (man denke nur an die Triller), so bleibt doch infolge der Erinnerung keine Tonempfindung unabhängig von der vorangegangenen. Für die Auswahl der zum Musizieren verwendeten Töne wird also in erster Linie das Prinzip der Konsonanz maßgebend sein. Auf diese Weise erklärt sich die Entstehung der Tonleitern. Die sogenannte *diatonische* (siebenstufige) *Tonleiter* enthält außer dem Anfangs- oder Grundton und der Oktave als Schlußton noch sechs Töne. Sie besteht aus folgenden Intervallen:

Prime	Sekunde	Terze	Quarte	Quinte	Sexte	Septime	Oktave
1	$9/8$	$5/4$	$4/3$	$3/2$	$5/3$	$15/8$	2
c	d	e	f	g	a	h	c_1

$$9/8 \quad 10/9 \quad 16/15 \quad 9/8 \quad 10/9 \quad 9/8 \quad 16/15$$

setzt sich also zusammen aus sogenannten ganzen Tönen ($9/8$ und $10/9$) und halben Tönen ($16/15$). Vom rationellen Standpunkt aus ist die Auswahl der Töne keineswegs eindeutig. Statt dem *h* könnte z. B. ebensogut ein *ais* mit dem Intervall $7/4$ gewählt werden. Ja, es bestehen Gründe dafür, daß dieser Ton sogar gesetzmäßig zur Tonleiter gehört, aber aus klanglichen Rücksichten ausgemerzt worden ist. Tatsache ist es, daß alle Töne mehr oder weniger eine Verwandtschaft zu *c* besitzen, was diesem den Charakter des *Grundtons* verleiht. Wollte man z. B. *d* als Grundton nehmen und dabei dieselbe Stufenfolge wählen, so käme man mit den aufgeführten Tönen nicht aus. Schon *e* würde nicht mehr genau stimmen. Es müßten neue Töne eingeschaltet werden. Da man nun in der modernen Musik die Tonart nicht nur beliebig wählen, sondern auch wechseln will *(Modulation)*, so müßten innerhalb einer Oktave noch eine Menge neuer Töne eingefügt werden. Das System, das man so erhielte, bestünde aus Halbtönen von etwas verschiedener Größe und einer Reihe einander ganz benachbarter Töne. Dadurch, daß man solche ganz benachbarten Töne zusammenlegte, bzw. *enharmonisch* verwechselte, suchte man die übergroße Zahl von Tönen zu reduzieren, konnte aber auch hierdurch kein für die praktische Musik brauchbares Tonsystem erhalten. Erst die radikale *Rationalisierung des Tonsystems* durch Werckmeister im 16. Jahrhundert brachte hier endgültig Abhilfe. In der *gleichschwebend temperierten* Stimmung (von J. S. Bach in die Musik eingeführt) sind nicht nur die benachbarten Töne zusammengelegt, die Halbtöne sind auch überdies einander alle gleichgemacht. Da dieses *Grundintervall* demnach die 12. Wurzel aus 2 ist, so ist es irrational, und ebenso sind es alle andern Intervalle, die sich ja aus diesem zusammensetzen, mit Ausnahme der Oktave. Die Physiker haben also nicht gezögert, das irrationale Moment, das der Musik von der psychologischen Seite aus anhaftet, noch ihrerseits zu unterstreichen. Praktisch hat das allerdings nichts zu bedeuten, da glücklicher- und merkwürdigerweise unser Ohr auf die kleinen Korrekturen an den reinen Intervallen nicht empfindlich ist. Hingegen müssen wir uns dessen bewußt bleiben, daß im irrationalen System die *physikalischen Grundlagen der Musik völlig verwischt* sind. Das gleichschwebend temperierte Tonsystem ist eine Sphinx, die auf die einfachsten Fragen stumm bleibt. Will man dem Geheimnis auf die Spur kommen, warum die Musik sich

gerade der zwölf gleichen Tonstufen in der Oktave bedient
und warum die diatonische Tonleiter eine besondere Rolle
spielt, so kann dies, wie gezeigt, nur auf Grund des natürlichen Tonsystems geschehen.

10. Wirbel.

Wirbel gibt es an der Wirbelsäule, an Streichinstrumenten, auf Trommeln, ja selbst in der Dichtung (siehe S c h i l -
l e r : Laura, nenne mir den Wirbel . . .). Aber alle diese
Wirbel können uns nicht interessieren, denn wir haben es
hier nur auf die physikalischen Wirbel abgesehen. Von
diesen gewinnt man eine erste Vorstellung, wenn man sich
an das Aufwirbeln loser Blätter im Herbstwind oder an die
Wirbel in einem reißenden Strom erinnert. Genauer besehen,
bestehen diese immer aus einem rotierenden *Flüssigkeitskern*
und einem ihn *umströmenden Strudel*. Häufig tritt dabei jene
Trichterbildung auf, die dem Schwimmer durch ihre gefähr-
liche Saugwirkung so bekannt ist.

Einen idealen Wirbel, der zugleich die Eigenschaften eines
solchen Gebildes deutlich hervortreten läßt, könnte man sich
auf folgende Weise hergestellt denken. Wir stecken in ein
Gefäß mit Eiswasser eine runde Stange aus Eis hinein und
lassen sie gleichmäßig um ihre Achse rotieren. Nachdem sich
darum herum der Wasserstrudel ausgebildet hat, lassen wir
die Stange schmelzen. Wir haben dann einen Wasserzylinder,
der wie die Eisstange, d. h. eben wie ein fester Körper rotiert.
Ein Wirbelkern besitzt daher wie ein Schwungrad die Eigenschaft, daß die Winkelgeschwindigkeit in allen seinen Teilen
dieselbe ist. Der Kern verhält sich aber insofern verschieden,
als er nur mit seinem Strudel zusammen existieren kann.
Denn ein flüssiges Schwungrad, für sich allein, würde in
Atome auseinanderfliegen.

Es ist leicht einzusehen, daß die rotierenden Wasserteilchen
der Drehungsachse sozusagen stets dasselbe Gesicht zukehren,
wie das ja auch bei einem festen Rad oder beim Mond gegenüber der Erde der Fall ist. D. h. aber, es dreht sich bei jedem

52

Umgang einmal um die *eigene* Achse. Wir haben eine rotierende Flüssigkeit mit *Eigendrehung der Teilchen.* Anders bei der idealen *Strudel-* oder *Zirkulationsströmung,* welche „*drehungsfrei*" verläuft. Letzten Endes hängt das damit zusammen, daß im Kern die Geschwindigkeit der rotierenden Teilchen im selben Maße wie der Abstand von der Achse zunimmt, in der Zirkulationsströmung aber umgekehrt proportional damit abnimmt. Dabei versteht der *Hydro-* oder *Aeromechaniker* unter *Zirkulation* das Produkt aus der Geschwindigkeit und dem Weg, den ein Teilchen bei einmaliger Umkreisung zurücklegt. Diese Zirkulation hat nun im Strudel überall denselben Wert, im Kern wächst sie aber mit dem Abstand der Teilchen von der Drehungsachse. Mißt man die Zirkulation gerade an der Grenze zwischen Strudel und Kern, so erhält man das, was man *Wirbelstärke* nennt. Diese ergibt sich, indem man den Kernquerschnitt mit der zweifachen Winkelgeschwindigkeit multipliziert.

Ein Wirbel kann nun, im Gegensatz zu einem Schwungrad, beliebige *Formänderungen* erleiden. Wichtig ist aber, daß die Wirbelstärke dabei erhalten bleibt. Wird der Kern also dünner, so steigt die Wirbelgeschwindigkeit an. Ein Wirbel ist bis zu einem gewissen Grade ein *selbständiges Individuum,* das seine Eigenart zu erhalten sucht. Ja, im Idealfall müssen wir ihm, wie dies H e l m h o l t z bewiesen hat, sogar gewisse Ewigkeitswerte zuerkennen. Denn einmal vorhandene Wirbel sind, sie mögen noch so verbogen und gequetscht werden, *unvergänglich.* Leider läßt sich das, auch wenn es ideale Flüssigkeiten gäbe, gar nicht nachprüfen. Denn in solchen lassen sich Wirbel überhaupt nicht erzeugen! Glücklicherweise sind aber Flüssigkeiten so wenig ideal wie andere Dinge. Sie sind immer etwas *zusammendrückbar* und vor allen Dingen *viskos,* d. h. zäh und liefern damit die Möglichkeit zur Bildung von Wirbeln. Wie bei jedem Lebewesen liegt aber auch hier im Entstehen schon der Keim zum Vergehen. Sei ein Wirbel auch stark wie ein Tornado, er wird nicht ewig bestehen.

Daß aber die idealen Wirbelsätze doch noch *mit großer Annäherung* erfüllt sind, läßt sich sehr schön demonstrieren, zwar nicht an einzelnen *Wirbelfäden,* wohl aber an *Wirbelringen.* Wer hat nicht schon die hübschen *Rauchringe* bewundert oder gar selbst hervorgebracht, die entstehen, wenn man Rauch aus dem Mund in O-Stellung kurz ausstößt. Das wirbelförmige Einrollen der Luft entsteht hier durch die Luftreibung an den Lippen. Ein solches Wirbelindividuum hält sich in ruhiger Luft ziemlich lange, kann auch durch Einatmen in die Nase als Ganzes wieder eingesaugt werden. Bläst man einen Ring gegen eine Fensterscheibe, so erweitert er sich und bleibt stehen. Stößt man einen Ring einem zweiten nach, so erweitert sich der erste. Der zweite zieht sich zusammen und geht in beschleunigtem Anlauf durch den

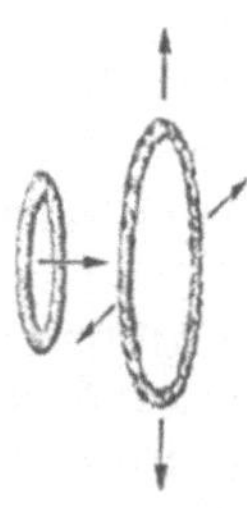

Abb. 19.
Ringkampf.

ersten hindurch. Ist die Lebenskraft genügend, so wiederholt sich das Spiel nochmals, indem nun der zurückgebliebene dem vorangegangenen nacheilt und selbst wieder durch ihn hindurchschlüpft. Damit auch die angesichts dieser flotten Experimente betrübten Nichtraucher auf ihre Rechnung kommen, soll ihnen wenigstens kurz noch ein einfaches Verfahren zur Erzeugung von *Wasserwirbelringen* mitgeteilt werden. Man lasse aus einem Röhrchen mit Tinte gefärbtes Wasser in ein Glas gewöhnliches Wasser austropfen. Man wird sehr schöne Ringe erhalten, wenn man die Tropfen direkt über dem Wasserspiegel abfallen läßt.

Und worin besteht nun die praktische Bedeutung der Wirbel? Vor allem darin, daß ein enger Zusammenhang zwischen *Luft-* und *Wasserwiderstand* einerseits und der Wirbelbildung andererseits vorhanden ist. Bewegt man z. B. ein Brett mit der Breitseite durch Wasser hindurch, so entsteht hinter den beiden Kanten je ein Wirbel. Der Widerstand, den wir spüren, rührt hauptsächlich von der Energie her, die wir in die Wasserwirbel hineinstecken müssen. Die Wirbel entstehen infolge der Reibung in der unmittelbar am festen Körper anhaftenden Flüssigkeitsschicht. Diese „*Grenzschicht*" bildet sozusagen den Übergang zwischen dem festen Körper und der eigentlichen bewegten Flüssigkeitsmasse, deren Bewegung man übrigens mehr oder weniger

54

als reibungsfrei ansehen darf. Tatsache ist jedenfalls: je größer die Wirbelintensität, um so größer der Bewegungswiderstand. Das gleiche gilt auch, wenn Flüssigkeit an einem Hindernis, z. B. einer Holzstange vorbeiströmt. Bei genügender Strömung löst sich dann abwechselnd an der linken und der rechten Seite ein Wirbel ab. Es bildet sich eine richtige „*Wirbelstraße*", bestehend aus zwei Wirbelreihen, deren Glieder gegeneinander versetzt sind und umgekehrten Wirbelsinn haben. Solche Wirbelstraßen kann man hörbar machen. Bläst man einen kräftigen Luftstrom gegen eine Schneide, so bilden sich von dort ausgehend Luftwirbelstraßen aus, die eine derartige Regelmäßigkeit und Frequenz besitzen, daß wir dieses Phänomen als Ton hören können. Auch die *Pfeifentöne* entstehen in ähnlicher Weise.

Um nun den Luft- und Wasserwiderstand bewegter Körper z. B. von Land- und Wasserfahrzeugen möglichst herabzusetzen, müssen Wirbel weitgehend vermieden werden. Das kann geschehen durch passende „Verkleidung" des Profils. Das Rezept lautet: möglichst schlank und nach hinten auslaufend bzw. zugespitzt gemäß der Fischform (*Stromlinien*form!). Indessen kann es auch vorkommen, daß die Ausbildung von Wirbeln erwünscht, ja geradezu notwendig ist. Ich erwähne hier nur die sogenannten „*Anfahrwirbel*" hinter den Tragflächen der Flugzeuge, die zur Erzielung der dynamischen Auftriebskraft, d. h. zum Fliegen unentbehrlich sind.

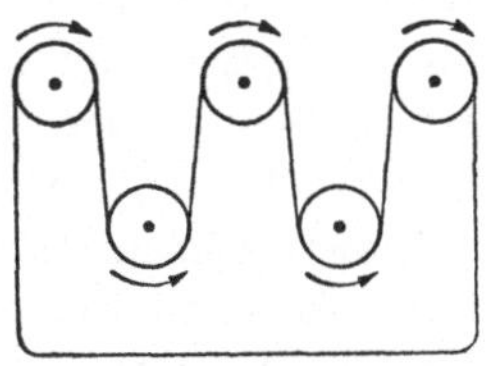

Abb. 20.
Wirbelstraßen-Modell.

Nicht immer brauchen Wirbel gut ausgebildet zu sein, und wir sprechen schon von einer *wirbelnden* oder *turbulenten* Strömung. Während bei langsamer Strömung die Bahnen der Flüssigkeitsteilchen säuberlich nebeneinander hergehen (*Laminarströmung*), verschlingen und verwirren sich die Bahnen von einer bestimmten „kritischen" Strömungsgeschwindigkeit an (*Turbulenzströmung*). Das merkt man z. B. beim Durchströmen von Wasser durch eine Röhre am plötzlichen Anwachsen des Rohrwiderstands. Wir können uns auf dieses auch für den Fachmann schwierige Gebiet nicht einlassen. Wir wollen es uns aber nicht nehmen lassen, die beiden Strömungsarten uns noch rasch vorzuführen; zumal es genügt, sich eine Zigarette anzustecken. Wir legen sie einfach auf den Rand des Aschenbechers in möglichst unbewegter Luft, und schon können wir beobachten, wie der Rauch erst laminar aufsteigt und von einer bestimmten Stelle an turbulent weiterströmt. Wir können nach Willkür die laminare Partie verkürzen, indem wir mehr oder weniger stark auf den Tisch klopfen.

Damit können wir unser Thema abschließen. Vielleicht fällt uns allerdings noch ein — dank der angeblich gedankenfördernden Kraft des Rauchens —, daß wir ja ein ganzes Gebiet vergessen haben. Ein Wirbel ist etwas so Charakteristisches, daß der Physiker dieses Bild auch auf ein ganz anderes Gebiet übertragen hat. Wie die mechanischen Wirbellinien, verlaufen auch die Kraftlinien des Magnetismus und teilweise auch die der Elektrizität in geschlossenen Bahnen. Und so kommt es, daß man von einem magnetischen bzw. elektromagnetischen Wirbelfeld spricht. Indessen handelt es sich hier um etwas so Grundverschiedenes, daß wir diese Dinge doch besser in einem anderen Zusammenhang betrachten.

11. Tropfen und Tränen.

Alles was fließt, kann tropfen, der tropfbare Zustand ist geradezu kennzeichnend für eine Flüssigkeit. Muß da nicht in der *Tropfenbildung* ein tieferes Geheimnis stecken? Daß eine Flüssigkeit zusammenhält, erscheint uns zwar ganz natürlich. Es zeigt uns dies einfach, daß eine genügende Kohäsionskraft vorhanden ist. Daß aber eine formgebende Kraft da ist, und zwar in allen Flüssigkeiten die gleiche, das ist schon wunderbarer. Jedes Tröpfchen will nämlich ein Kügelchen werden! So es groß ist, wird es allerdings durch sein Gewicht breitgequetscht, aber bei kleinen Tröpfchen, wo die Wirkung der Schwerkraft zurücktritt, da ist jedes ein vollkommenes Kügelchen. Die Mathematiker lehren uns, daß ein Körper dann die kleinste Oberfläche besitzt, wenn er zur Kugel geformt wird. Wir schließen also aus der Tropfengestalt, daß jede Flüssigkeitsfläche sich zusammenzuziehen sucht. Die Erklärung dafür finden wir in den *Molekularkräften*. Ein Molekül im Innern einer Flüssigkeit erfährt, da es von allen Nachbarmolekülen gleich stark angezogen wird, in Summa keine Kraftwirkung. Versucht man aber etwa ein solches Molekül in die Nähe der Oberfläche zu bringen und damit die Oberfläche zu vergrößern, so wirkt dem ein einseitig nach Innen gerichteter Zug entgegen, und wir müssen Arbeit aufwenden. Da aber Arbeit nicht von selbst entstehen kann, so setzen sich die Moleküle in einem Tropfen derart ins Gleichgewicht, daß die Molekularenergie ein Minimum wird, und es entsteht eine kugelförmige Anordnung. Die *Oberflächenspannung*, die in jedem Tropfen drin sitzt und ihn zusammenzuziehen sucht, kann leicht an einer Seifenblase, die ja einen ausgehöhlten Tropfen darstellt, gezeigt werden. Diese zieht sich bekanntlich von selbst zusammen, und mit der aus dem Blasröhrchen austretenden Luft kann sogar eine Kerzenflamme ausgelöscht werden, ein Zeichen dafür, daß dabei auch Arbeit geleistet werden kann.

Andererseits ist uns der Widerstand, den eine Flüssigkeitsoberfläche dem Auseinanderziehen entgegensetzt, nur zu wohlbekannt. Wie schwer läßt sich ein Glas mit Flachboden von einer glatten benetzten Unterlage abheben, wie schwer ist es auch, Suppe, die kleine Einlagen, wie Sternchen u. dgl., enthält, wirklich restlos auszulöffeln. Diese Fälle zeigen uns gleichzeitig, daß man Flüssigkeit ausgießen kann, ohne daß sich Tropfen bilden. Bringt man z. B. ein Tröpfchen Spiritus auf eine Glasplatte, so wird es in kurzem zerfließen, d. h. sich über die ganze Glasplatte ausbreiten und diese benetzen. Hier ist eben der Zusammenhalt der Flüssigkeit, die *Kohäsion* kleiner als die Anziehung des Glases, die *Adhäsion*. Sie läßt uns folgenden wohlbekannten, doch merkwürdigen Versuch verstehen. Wir tauchen ein Haarröhrchen mit dem einen Ende in ein Gläschen Spiritus. Dann benetzt

sich die Glasfläche innen und außen, und es bildet sich eine
zusammenhängende Flüssigkeitshaut vom äußeren Niveau
zum innern über die Außen- und Innenwand des Röhrchens
hinweg. Nun liegt das Glas sozusagen unter der Oberfläche,
und die Spiritushaut darüber sucht sich zusammenzuziehen.
Am liebsten möchte sie sich über das obere Ende des Haar-
röhrchens hinweg schließen. Also zieht sie sich im Innern
der *Kapillaren* hoch, kommt allerdings nur so weit, bis der
Oberflächenzug nach oben gerade so groß ist, wie der
Schwerezug der gehobenen Flüssigkeit nach unten. Aus der
Steighöhe läßt sich die Größe der Oberflächenspannung oder,
was dasselbe ist, die *Kapillarkonstante* berechnen. Sind die
Glasflächen recht sauber, so erhält man dieselbe Erscheinung
auch mit Wasser. Bei Quecksilber aber überwiegt die Kohäsion, und dieses wird in der Kapillaren unter das äußere
Niveau herabgedrückt. Wasser steigt in einem 1 mm weiten
Röhrchen 3 cm hoch, in einem von $^1/_{100}$ mm aber bereits auf
das Hundertfache: auf 3 m. Diese Erscheinung erklärt zum
Teil das Steigen des Saftes in den Pflanzen. Auch wir machen
häufig von der *kapillaren Saugwirkung* Gebrauch, so wenn
wir eine Flüssigkeit durch irgendeinen porösen Körper auf-
saugen, z. B. wenn wir einen Docht in eine Lampe einsetzen,
beim Fließblatt, wenn wir durch Eintauchen eines Zucker-
stückchens einen „Canard“ herstellen, oder schließlich bei
jedem Schwamm und Putzlappen.

Kapillarwirkungen treten aber nicht nur in engen Röhren,
sondern immer bei der Berührung von Flüssigkeiten mit
festen Körpern auf. So biegt sich eine Wasserfläche am
Gefäßrand stets etwas nach oben. Aber auch bei der Tropfenbildung ist sie vorhanden, falls diese nicht in freier Atmosphäre, wie bei der *Regen-* und *Nebelbildung* erfolgt. Betrachten wir einmal an einem regnerischen Tage, wie sich das
Wasser an den Telephondrähten ansetzt, wie Tropfen dem
Draht entlang, an unsichtbaren Klauen sich haltend, gleiten,
dabei größer werden und schließlich als Tropfen abfallen.
Hier haben wir beides: Adhäsion und Kohäsion. Aber für
die Tropfengröße ist nur die letztere, d. h. die Oberflächenspannung, maßgebend. Würde es etwa statt Wasser Alkohol

58

regnen, so würden die Tropfen wesentlich kleiner ausfallen.
Dieser Umstand kann eine Rolle spielen beim *tropfenweisen
Abmessen* von Medizin. Wird man doch bei gleicher Tropfen-
zahl verschiedene Dosen erhalten, je nachdem eine wässerige
oder eine alkoholische Lösung vorliegt.

Wir wollen nun noch etwas Ausschau nach besonders
interessanten Tropfenerscheinungen halten. Da begegnen uns
merkwürdigerweise Tränen, nicht die physiologischen und
nicht die poesievollen, von denen der Dichter singt, der Himmel hat eine Träne geweint, sondern jene, die der nüchternen
Physik angehören. Es liegt so nahe, irgendeine langsame
Tropfenbildung mit einer Tränenproduktion zu vergleichen
und dann vom Produkt als Träne zu reden. So kommt es
denn, daß man von *„Weintränen"* spricht, die natürlich mit
Weinen nichts zu tun haben und die
man beobachtet, wenn man sich ein
Gläschen starken Weins einschenkt.
Dann sieht man am Glasrand über dem
Wein sich fortwährend Tropfen bilden,
die dann wieder in den Wein hin-
unterrollen. Des Rätsels Lösung ist

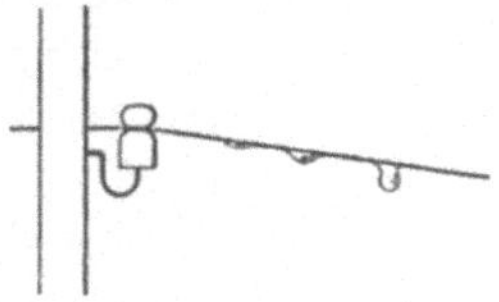

Abb. 21. Tropfen.

folgende: Der Wein überzieht den Glasrand mit einer feinen
Haut, in der der Alkohol rascher verdunstet als das Wasser.
Demzufolge wächst in dieser Schicht die Oberflächenzugkraft,
und die Flüssigkeit wird am Rande regelrecht hochgezogen.
Nun sucht sich ein Wasserwulst auszubilden. Da der Vorgang
aber nicht überall gleichmäßig vor sich geht, so werden sich
statt dessen an einzelnen Stellen Tropfen am Glase bilden,
die dann als „Tränen" wieder in den Wein hinunterkollern.
Man denke aber ja nicht, daß man nun ein Perpetuum mobile
vor sich habe, denn der Vorgang hört auf, wenn der Wein
einmal „verraucht" ist. Der hübsche Versuch läßt sich auch
ohne Wein, ja noch besser mit etwas verdünntem Spiritus
ausführen.

Weniger bekannt dürfte das Tränen eines Suppentellers
sein. Das Phänomen kann mittels der tränentreibenden Kraft
eines elektrischen Stroms in Szene gesetzt werden. Der Teller
muß allerdings unglasiert und mit reinem Wasser gefüllt

sein. Treibt man einen elektrischen Strom vom Wasser aus durch den Teller hindurch, so reißt dieser Wasser mit sich, und es bilden sich am Boden wiederum Tränen, die von Zeit zu Zeit abfallen. Man nennt die Erscheinung, daß die kleinen Stromteilchen, die Ionen, Flüssigkeit mit sich fortführen, *Elektrosmose*. Diese ist von praktischer Bedeutung. Mit ihrer Hilfe läßt sich z. B. Torf austrocknen. Ferner können so durch die Haut hindurch Medikamente in den Organismus eingeführt werden, ein Verfahren, das die Mediziner *Iontophorese* nennen.

Auch erstarrte Tränen gibt es. Ich meine nicht das Tränenprodukt, das die Stalaktiten in den Tropfsteinhöhlen darstellen, sondern jenen Artikel, den man bei den Glasbläsern erhält, die „*Glastränen*". Das sind nichts anderes als geschwänzte Glastropfen, die infolge rascher Abkühlung bei der Herstellung unter gewaltiger innerer Spannung stehen. Um dies zu zeigen, genügt es, das dünne Schwanzende abzubrechen, worauf der ganze Tropfen unter Knall in feines Glaspulver zerfällt. Trotz der heftigen Explosion kann jedoch der Tropfen in der bloßen Faust ohne Schaden zerdrückt werden. Daß die Tränen

Abb. 22.
Tränen.

aber doch nicht so harmlos sind, zeigt folgender Versuch: Man tauche sie in ein Becherglas mit Wasser und kneife das Ende mit einer Zange ab. Mit Vehemenz wird jetzt die *Explosionswelle* das Glas zerbrechen, trotzdem dieses ganz offen dasteht. Das hängt erstens mit dem Umstand zusammen, daß Wasser fast gar nicht zusammendrückbar ist, und zweitens damit, daß die Explosionswelle schneller das Glas als die freie Oberfläche des Wassers erreicht.

Gewiß wäre es ansprechend, noch von den Zwergen der Tropfenwelt zu sprechen, etwa den kleinsten Tröpfchen in den *Emulsionen*, wie sie z. B. in der Milch vorliegen. Doch würden wir dann ins Reich der *Kolloidchemie* gelangen. Ebenso interessant wäre es auch, noch Ausschau nach den *Riesen der Tropfenwelt* zu halten. Wir kämen dann unvermittelt aus dem Reich des Mikrokosmos in das des Makrokosmos. Zu unserem Erstaunen erkennen wir da, daß alle

Sterne in ihrem feurig flüssigen Zustand nichts anderes als riesige Tropfen bedeuten. Die Welt ist voll von halb und ganz erstarrten Tropfen — oder sind es Tränen aus der Unendlichkeit? Gewiß lassen wir hier das Wort besser den Astronomen. Doch wollen wir noch verraten, daß all die Himmelskugeln ihre Gestalt nicht der Oberflächenspannung, sondern der Schwere verdanken.

12. Luft.

Luft ist etwas nicht Sichtbares, nicht Greifbares und daher scheinbar Bedeutungsloses. Für einen andern Luft sein wird auch nicht als Schmeichelei aufgefaßt. Aber eigentlich mit Unrecht. Denn Luft ist einer der lebenswichtigsten Stoffe. Die Alten betrachteten sie geradezu als eines der Grundelemente. Sie ist allerdings nicht im chemischen Sinn elementar, da sie eine *Mischung* von Stickstoff und Sauerstoff mit einer ganz geringen Beimengung von Kohlensäure und Edelgasen wie Argon, Helium und Neon darstellt. 1 m³ Luft wiegt nicht weniger als 1,293 kg unter sogenannten normalen Bedingungen, d. h. wenn sie sich auf 0° und unter 1 at Druck befindet. Verdichtet man Luft, indem man sie auf ein kleines Volumen zusammendrückt, so steigt ihr Druck entsprechend. Der Kompression wird Widerstand entgegengesetzt, ein deutliches Zeichen vom Vorhandensein eines Stoffes. Beim raschen Zusammendrücken im *pneumatischen Feuerzeug* beobachtet man starke Erwärmung, die genügt, um z. B. Zunder oder das Explosionsgemisch in einem Dieselmotor zu entzünden. Drückt man ein Gas langsam, d. h. unter Temperaturausgleich zusammen, so verhalten sich *Druck* und *Volumen* jederzeit *umgekehrt proportional* zueinander, oder was dasselbe ist, Druck und Dichte sind einander proportional.

Das sehen wir in schönster Weise an den atmosphärischen Verhältnissen. Wir leben auf dem Grunde unseres Luftmeeres. Hier atmen wir die dichteste Luft, da diese durch das ganze Gewicht der über uns lastenden Luftschicht zusammengepreßt ist. Je höher wir hinaufsteigen, um so weniger Luft lastet über einem, um so kleiner der Luftdruck, um so geringer aber auch die Dichte. In etwa 16 000 m Höhe (Stratosphäre) ist der Luftdruck schon auf $^1/_{10}$ at gesunken, in 100 km haben wir schon Röntgenvakuum, und schließlich geht die *Atmosphäre ohne deutliche Grenze* in den Weltenraum über, in dem eine Verdünnung herrscht, wie wir sie kaum mit unseren besten Luftpumpen herstellen können. Die Theorie zeigt, daß der Luftdruck mit der Höhe exponentiell abnimmt. Man kann direkt aus dem Druck auf die Höhe über Meer schließen *(Höhenbarometer)*. Fährt man etwa mit einem solchen Barometer in einem Lift, so kann man leicht

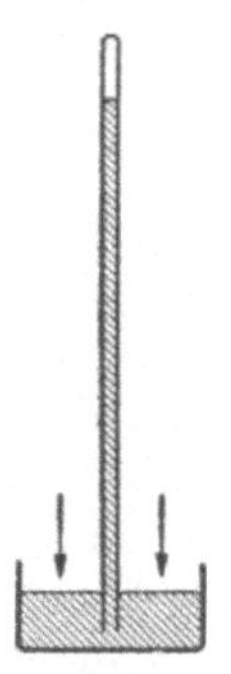

schon eine Druckdifferenz feststellen, da diese pro 10 m etwa 1 mm Quecksilber ausmacht. Ja schon der Druckunterschied bei 1 m und weniger kann leicht gezeigt werden. Wir schließen an eine Gasleitung unter Zwischenschaltung eines Gabelstückes zwei Schläuche an und stecken auf jedes Ende ein Glasröhrchen als Brenner. Nun zünden wir die Flämmchen an und stellen sie durch entsprechendes Zudrehen des Gashahns klein. Sobald wir jetzt das eine Flämmchen höher halten als das andere, so brennt dieses viel heller, da ihm ein etwas kleinerer Luftdruck entgegenwirkt.

Abb. 23. Barometer.

Der im übrigen variable Luftdruck beträgt etwa 1 kg auf den cm², oder 10 Tonnen pro m². Als mittlerer oder *normaler Luftdruck* auf Meereshöhe wird der Druck von 1,033 kg angenommen. Man nennt dies *eine Atmosphäre Druck*, womit man in der Technik allerdings vielfach auch nur den Druck von 1 kg meint. Derselbe Druck würde auf die Erde ausgeübt, wenn statt der Atmosphäre eine Wasserschicht von 10,33 m über dem Boden läge oder eine Quecksilberschicht von 76 cm. Um das zu zeigen, füllen wir eine einseitig zugeschmolzene Glasröhre von genügender Länge (vielleicht 80 cm) mit Quecksilber und tauchen das offene Ende in ein weiteres Gefäß mit Quecksilber. Sofort sinkt das Quecksilber in der Röhre bis auf eine Höhe, die nun dem äußeren Druck das Gleichgewicht hält. Darüber entsteht das soge-

nannte Torricellische Vakuum. Die Länge der Quecksilbersäule eines solchen *Gefäßbarometers* gibt uns ohne weiteres
die momentane Größe des Luftdruckes an und läßt uns seine
Änderungen verfolgen. Für die Reise und die Registrierung
geeigneter sind die *Metallbarometer*, deren wesentlicher Bestandteil aus einer oder mehreren Wellblechkapseln besteht,
die nun je nach dem Luftdruck mehr oder weniger eingedrückt werden. Die Kapseln selbst enthalten keine Luft, da
diese einen mit der Temperatur veränderlichen Gegendruck
ausüben und so das Resultat fälschen würde.

Der Luftdruck wirkt infolge seiner allseitigen Ausbreitung
auf alle Gegenstände der Erde, und zwar sowohl von oben
als von unten und der Seite. Da nun die Luft jeden Körper
von unten etwas stärker drückt als von oben (Abnahme des
Luftdrucks mit der Höhe), so ist immer ein gewisser Auftrieb vorhanden. Das macht beim Menschen etwa soviel Gramm aus, als er Kilogramm
wiegt. Dicke Leute werden also stärker erleichtert als magere. Ist ein Gegenstand so leicht,
daß der Auftrieb sein Gewicht überwiegt, dann
steigt er in die Höhe: Prinzip des *Luftballons*.
Während die Auftriebskräfte, da sie sich als eine

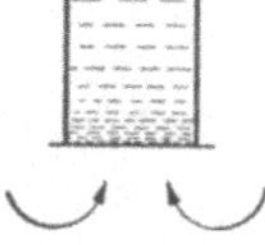

Abb. 24.
Luftdruck.

Differenzwirkung darstellen, nur relativ klein sind, sind die
ausgeübten Druckkräfte ganz gewaltige. Sie betragen rund
so viele Kilogramm Gewicht, als ein Körper cm² Oberfläche
besitzt. Besonders augenfällig wird das, wenn man den Luftdruck nur einseitig wirken läßt, wie es bei evakuierten Gefäßen der Fall ist. Eine luftleere Glühlampe zerplatzt, wenn
man sie auf den Boden fallen läßt, mit lautem Knall (Implosion). Ein Gummisauger haftet so fest an der Wand, daß
er leicht zur Befestigung kleiner Konsolen benutzt werden
kann. Wir alle werden schon die Fliegen bewundert haben,
die mit ihren Saugnäpfchen an der Decke laufen können.
Auch folgendes Experiment gehört hierher. Wir füllen ein
Trinkglas bis an den Rand mit Wasser und legen ein Stück
Papier darüber, drücken es jetzt leicht an und drehen das
Glas um. Das Wasser fließt nicht aus, da der Luftdruck
das Papier nach oben gegen das Wasser drückt. Verwenden

wir ein Gefäß mit enger Mündung, so bedarf es nicht einmal eines Papieres. Das sehen wir an jeder Pipette. Leicht gelingt auch folgendes lustige Experiment. Man presse ein größeres Geldstück leicht gegen die Stirn. Es wird haften bleiben, besonders, wenn es vorher etwas angehaucht wird. Von der Stirnseite her ist eben der Luftdruck aufgehoben und von der andern wird das Geldstück angepreßt.

Schon kleine *Luftdruckdifferenzen* können nicht unbeträchtliche Wirkungen hervorrufen. Man lege auf den Tisch einen gewöhnlichen Papiersack, so daß man ihn vom Tischrande aus mit dem Munde aufblasen kann. Stellt man auf den Sack selbst schwere Bücher, so werden sie bei leichtem Aufblasen schon gehoben oder gar umgeworfen. Die kleine Luftdruckänderung beim Einfahren in einen Tunnel ist manchmal direkt im Ohr zu spüren, da ein Druckausgleich durch Mund und Eustachische Röhre langsamer erfolgt als durch das äußere Ohr. Bei Explosionen, z. B. bei einem Kanonenschuß, ist das noch viel auffallender. Hier ist das Mundoffenhalten am Platze.

Die relativ kleinen Druckunterschiede an verschiedenen Orten und die Änderungen an einem und demselben Orte haben bereits großen Einfluß auf die *Gestaltung* des *Wetters*. Sie bedingen die temporären Winde und die dauernden *Luftströmungen* wie die Passate. Sie ändern auch die *Luftbeschaffenheit*. Ein Sinken des Luftdrucks bedingt z. B. ein Ansaugen der Luft aus den Erdkapillaren und damit eine Vermehrung des Gehalts der Atmosphäre an Radiumemanation. Luftdruckänderungen kann der Körper gelegentlich direkt anzeigen durch Schmerzen in verletzten oder vernarbten Stellen.

Zahllos sind die *Anwendungen* der Luft in der *Technik*. Die Abhängigkeit des Volumens vom Druck bei einer eingeschlossenen Luftmenge wird bei Druckmessungen aller Art benutzt (Luft*manometer*). Luft dient infolge ihrer Elastizität als *Polster*. So bei den bekannten Luftkissen, bei den Windkesseln und, nicht zu vergessen, bei den *Pneus*. Da hier besonders hohe Elastizität erforderlich ist, diese aber dem Gasdruck proportional anwächst, so verwendet man hier

64

Drucke bis zu 7 at und mehr. *Druckluft* finden wir bei jeder
Rohrpostanlage, zum Betriebe von Bohrern und Hämmern
und zur Betätigung von Bremsen (Westinghousebremse).

Luft von etwa 770 at hat dieselbe Dichte wie Wasser, ist
aber keineswegs flüssig, denn sie kann überhaupt nicht durch
Druck verflüssigt werden! Kühlt man sie aber auf etwa
— 200° ab, so kondensiert sie wie Wasser zu einer bläulichen
Flüssigkeit. Sofern wir unsere Erdatmosphäre nicht vorher
verlieren, so wird dereinst nach soweitiger Erkaltung unserer Erde auf den vereisten Meeren ein Meer flüssiger Luft
schwimmen, allerdings nur von etwa 10 m Tiefe.

Soweit sind wir indessen noch nicht. Noch atmen wir im
rosigen Licht, das wir ja der Streuung der Sonnenstrahlen
in unserer Erdatmosphäre verdanken. Im besonderen ist das
Himmelsblau nichts anderes als das an den Luftmolekülen
gestreute Sonnenlicht! Noch können wir uns der Luft als
Schallträger bedienen, uns an Sprache und Musik erfreuen.
Immer mehr benutzen wir die Luft als Tummelplatz und
Transportweg für Flugzeuge. Meist befinden wir uns allerdings weich und warm gebettet im Grunde des Luftmeeres,
das uns vor zu großer Ausstrahlung der Erdoberfläche
schützt. Wir lassen uns von ihm die schädlichen kosmischen
Strahlen abbremsen und nicht minder die unangenehmen
Meteore. Dabei bedürfen wir persönlich tagtäglich dieser ergiebigen Luftquelle. Was sollte auch ein Feuer, ein Mensch
ohne Sauerstoff? Wollen wir daher einem Freund unsere
Wertschätzung ausdrücken, so können wir es gewiß nicht
besser tun, als ihm sagen: du bist mir Luft, d. h. eben: un-
ersetzlich.

13. Ideale Zustände.

Niemand wird behaupten wollen, daß unsere Zeiten ideale
seien. Und doch ist es eine merkwürdige Tatsache, daß eine
ganze Kathegorie von Menschen dauernd in einer Welt von
idealen Zuständen lebt. Und noch merkwürdiger, wir benei-
den sie nicht einmal darum! Es sind das die Physiker. Nichts
leichter für sie, als uns durch eine ganze Galerie idealer Zu-

stände hindurchzuführen. Zehn zu eins ist zu wetten, daß ein
Physiker uns zuerst die Gase im idealen Zustande vorführen
wird. Er wird uns zeigen, daß sie in diesem Fall verblüffend
einfache Gesetze befolgen. Die drei Zustandsgrößen, Druck,
Volumen und Temperatur hängen nämlich so zusammen, daß
das Produkt der ersten beiden proportional der dritten ist, sofern man die Temperatur vom absoluten Nullpunkt aus zählt.
Das kommt daher, weil die Gasmoleküle so weit auseinander
sind, daß weder ihr Eigenvolumen noch ihre gegenseitige
Anziehung eine Rolle spielt. Der Physiker hat sich sogar ein
richtiges *ideales* Gas zurechtgemacht, bei dem die Moleküle
nur Massenpunkte sind und Anziehungskräfte überhaupt nicht
vorkommen. Indem er sich dann Gase bald mit leichteren,
bald mit schwereren Massenpunkten herstellt, bekommt er
schließlich ein ganzes Arsenal davon. Alle diese idealen Gase
zeigen exakt den gleichen Ausdehnungskoeffizienten: $1/_{273,2}$,
woraus dann folgt, daß bei einer Temperatur von $-273,2\,°\,C$
sowohl Gasvolumen als Gasdruck gleich Null werden. Da der
Druck nicht noch kleiner werden kann, ist das dann die
*tiefste auf Grund der idealen Gasgesetze mögliche Tempera-
tur*. Es ist dies der *absolute Nullpunkt*. An eine Kondensation
in irgendeinem Temperaturbereich denkt ein ideales Gas
überhaupt nicht. Diese Marotte dürfen sich reale Gase, die
ja alle kondensierbar sind, nicht erlauben. Doch hindert dies
nicht, daß die für die idealen Gase gemachten Voraussetzungen
weitgehend auch für die richtigen Gase zutreffen, sofern man
sich auf höhere Temperaturen bzw. größere Verdünnungen beschränkt. Man merkt das daran, daß alle Gase einen ungefähr
um $1/_{273}$ herum liegenden Ausdehnungskoeffizienten besitzen.
Ihr exaktes Verhalten läßt sich als Abweichung vom Idealzustand darstellen, wobei der grundlegenden Verschiedenheit
in der Kondensationszone besonders Rechnung getragen werden muß. Die Bedeutung des idealen Gases liegt darin, daß
es die wesentlichen Eigenschaften der wirklichen Gase verstehen und auf die einfachste Formel zu bringen erlaubt. Die
Gefahr, daß man zu falschen Resultaten gelangt, ist gering,
da man ja jederzeit weiß, wo die Voraussetzungen des idealen
Zustandes nicht mehr zutreffen.

66

Analog ist es nun bei den *idealen Flüssigkeiten*, die erfunden worden sind, um das Verhalten der realen Flüssigkeiten in gewissen wesentlichen Zügen und möglichst einfach beschreiben zu können. Eine Flüssigkeit im idealen Zustande ist eine solche, die keinen Zwang kennt. Einmal soll sie sich nicht komprimieren lassen, und dann soll sie einer Formänderung auch keinen Widerstand entgegensetzen, d. h. frei von innerer Reibung sein. Eine solche Flüssigkeit verhält sich eigentlich widersinnig. Kann sie doch den Schall nicht leiten. In ihr können keine Wirbel entstehen, und wenn solche schon vorhanden sind, so müssen sie in infinitum fortdauern! In ihr kann man sich nicht schwimmend fortbewegen, und kein Dampfer kann auf ihr fahren. Aber trotzdem, eine solche Flüssigkeit ist geeignet, um alle Eigenschaften einer wirklichen Flüssigkeit, soweit sie nicht wesentlich mit der Kompressibilität und der Viskosität zusammenhängen, angenähert wiederzugeben und mit Hilfe von anzubringenden Korrektionen sogar exakt zu beschreiben. Auch hier sind die Fälle dann leicht vorauszusehen, für die der ideale Zustand nicht zutrifft und wo die Beschreibung der Erscheinungen eben anders vor sich zu gehen hat.

Da die *idealen Zustände* so viel Gutes an sich haben, wird man nun begreiflicherweise auch einen für die *festen Körper* verlangen. Der Physiker wird auch nicht zögern, uns einen solchen Körper vorzuführen, der *absolut starr* ist und der entweder gleichmäßig mit Materie erfüllt oder aber aus lauter dürren Massenpunkten zusammengesetzt ist, die gegeneinander völlig unverrückbar sind. Ein solches Ding ist natürlich wieder ein Unding, und wäre z. B. für Musiker geradezu katastrophal. Denn kein Instrument außer den Blasinstrumenten würde tönen! Und doch ist die *Mechanik des starren Körpers* äußerst wichtig. Gibt sie doch über das Gleichgewicht und die Bewegungen des festen Körpers als Ganzes jede gewünschte Auskunft. Den auf Elastizität beruhenden Vorgängen wird man dann natürlich gesondert nachgehen müssen.

Die *Mechanik* steckt überhaupt *voller Ideale*. Der theoretische Mechaniker ist gewohnt, so zu tun, als ob sich alles rein mechanisch abspielte, als ob es außer der mechanischen

Energie keine andere gäbe. In diesem Fall bestehen alle
Vorgänge darin, daß nach dem Energiesatz die mechanische
Energie unverändert bleibt, d. h. daß stets die Summe aus
Lage- und Bewegungsenergie konstant ist. So wird ein rotierendes Rad von selbst unbegrenzt lange weiter laufen, ein
Uhrpendel niemals stille stehen. Man lebt dann ganz in der
Welt des Perpetuum mobile. Es ist klar, daß diese Resultate
eine Abstraktion darstellen, die immer nur näherungsweise
erfüllt sein kann. Am besten etwa noch in der *Himmels-
mechanik,* wo uns die Bewegungen der Gestirne von schier
unbegrenzter Dauer erscheinen. Der größte *Feind dieser
Idealwelt* ist — die *Reibung,* d. h. eben die Verwandlung von
mechanischer Energie in Wärme. Und diesem Faktor trägt
daher auch der gewissenhafte Physiker Rechnung, indem er
in seinen Rechnungen ein „Reibungsglied" anbringt.

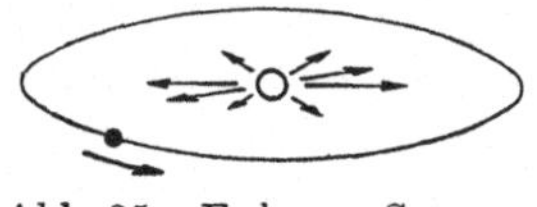

Abb. 25. Erde — Sonne.

Treten wir nun auf unserer idealen
Wanderung in das Gebiet der *Wärme*
ein, so begegnen uns hier vor allem
die *idealen Kreisprozesse,* das sind
Vorgänge, die sich reversibel abspielen. Solche gibt es in Wirklichkeit wiederum nicht. Aber sie
führen uns zur Erkenntnis, wie eine *ideale Wärmekraft-
maschine* beschaffen sein sollte. Von einer solchen verlangen
wir jedenfalls, daß sie von den Brennstoffkalorien, mit denen
man sie füttert, nichts nutzlos vergeudet, dann aber noch
etwas anderes, daß die vorhandene *Wärmeenergie* während
des Betriebes *nicht von selbst an Wert verliert.* Um diese Forderung zu verstehen, denken wir uns einmal ein Töpfchen
heißen Wassers in ein großes Becken gewöhnlichen Wassers
gegossen. Obschon dadurch nur eine Mischung der Kalorienzahl, aber kein Verlust eingetreten ist, so ist doch die wenig
erwärmte große Wassermenge weniger wertvoll als das Töpfchen heißen Wassers. Jede *Zerstreuung der Wärme,* die ja
immer eintritt, wenn man einen erhitzten Körper sich selbst
überläßt, ist vom Übel. Denkt man sich nun mit irgendeinem
Triebstoff, z. B. Dampf, einen idealen Kreisprozeß ausgeführt, so erhält man den *idealen Nutzeffekt* des Arbeitsprozesses. Er ergibt sich nun keineswegs gleich 1. Das heißt

nicht alle Wärme wird in Arbeit verwandelt, sondern er berechnet sich nach Carnot aus der höchsten und niedrigsten Temperatur, zwischen denen die Maschine arbeitet, und zwar als *Quotient aus der Temperaturdifferenz und der Höchsttemperatur.* Letztere ist dabei in absoluten Graden einzusetzen. Hieraus geht ohne weiteres die bekannte Überlegenheit der Verbrennungsmotoren gegenüber den Dampfmaschinen mit ihren wesentlich niedrigeren Temperaturen hervor.

Werfen wir nun noch einen kurzen Blick in andere Gebiete der Physik. Da begegnet uns in der *Optik* auf Schritt und Tritt der schematisierte *Lichtstrahl,* eine *Idealisierung,* eine Abstraktion, die uns durch die geometrische Schattenbildung aufgedrängt wird, von deren phantomatischer Existenz wir uns aber jederzeit überzeugen können. Lassen wir nämlich Sonnenlicht durch eine kleine Öffnung in ein dunkles Zimmer eintreten, so sieht man zwar sehr wohl einen „Strahl", er besitzt aber eine der Öffnung entsprechende *Dicke.* Durch allmähliche Verengerung der Öffnung kann man nun den Strahl nicht beliebig dünn machen. Seine Begrenzung verliert immer mehr an Schärfe, und schließlich zerrinnt er uns unter den Fingern in ein diffuses Lichtgebilde. Trotz alledem wird man sich in allen Fällen, wo diese durch Beugung hervorgerufene Diffusion nicht in Erscheinung tritt, von einem Lichtstrahl und von der geradlinigen Ausbreitung des Lichts sprechen dürfen, und kann man sich so eine *geometrische Optik* zurechtzimmern. Man muß allerdings jederzeit bereit sein, die Scheuklappen wegzunehmen und zur *Wellenoptik* hinüberzuwechseln.

Ein ebenso landläufiger Begriff wie der Lichtstrahl ist der *Magnetpol,* ebenfalls eine *Abstraktion,* die der Realität in keiner Weise entspricht. Aber die Vorstellung eines Magneten mit seinen zwei Polen gibt doch dessen Verhalten in groben Zügen wenigstens richtig wieder, ja führt sogar zu einer exakten Berechnung der Kraftwirkung im weiteren Umkreis. Man wird sich hier aber dessen bewußt bleiben müssen, daß diese *modellmäßige Vorstellung* nur Mittel zum Zweck ist, aber keinesfalls dem aus der Wirklichkeit extrapolierten Idealzustand eines Magneten entspricht.

Ähnliche Verhältnisse treffen wir nun auch da, wo es sich um die nicht mehr direkt erkennbare *Welt im Kleinsten* handelt. Für die Moleküle, Atome, Elektronen usw. sind je und je Idealbilder geschaffen worden, in denen man allerdings keinen absoluten Wahrheitsgehalt erblicken durfte, die aber doch geeignet sein sollten, um aus den Eigenschaften dieser Modelle das Naturgeschehen zu verstehen. Die Erfolge des Rutherford-Bohrschen *Atommodells* mit seinen winzigen positiv geladenen Atomkernen und den negativen, darum kreisenden Elektronen waren allerdings derart, daß man damit der

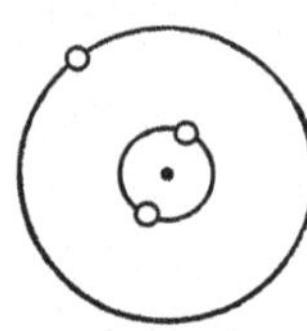

Abb. 26.
Elektronen-
Atomkern.

Wirklichkeit ziemlich nahegekommen zu sein glaubte, bis dann in neuerer Zeit entdeckt werden mußte, daß diese Bilder zwar auch heute noch bequem und anschaulich sind, daß sie aber den Tatsachen nicht entsprechen können. Man mußte das Vorstellungsmäßige sogar abstreifen und sich in die *mathematische Bildersprache* flüchten, die übrigens die heutige Physik weitgehend beherrscht. Dies hat letzten Endes seinen Grund darin, daß alles, was wir makroskopisch erleben, eine Summationswirkung über einen Haufen von elementaren Vorgängen darstellt und daß, was wir im täglichen Leben erkennen, eigentlich nur eine Mittelwertsgesetzmäßigkeit ist. Dies zeigt, wie gefährlich es ist, Zustände in dem Sinne zu idealisieren, daß man auf Grenzzustände extrapoliert. Das kann man keinesfalls von der Sinnenwelt auf die Welt im Kleinsten. So lehrt denn unsere ideale Wanderung, daß überall Abstraktionen und Bilder das *physikalische Weltbild* zu vermitteln bereit sind, daß sie uns aber alle nicht zu dem *Ding an sich* führen. Immer weiter und tiefer wird zwar unsere Erkenntnis, immer mehr nähern wir uns der Wahrheit. Wir werden sie aber wohl ebensowenig je ganz zu erreichen vermögen, wie den absoluten Nullpunkt der Temperatur.

14. Strom und Fluß.

Sind das etwa Bezeichnungen ein und desselben Dings, Synonyma? Kann man nicht ebensogut sagen: der Fluß strömt, wie, der Strom fließt? Der Linguist wird uns zwar zweifellos auf gewisse Unterschiede hinweisen. Indessen dürfen wir versichert sein, daß diese nicht bedeutend sind, sofern wir bei den beiden Bezeichnungen nur an Wasserläufe denken. Es ist aber ebenso leicht zu zeigen, daß Strom und Fluß ganz verschiedene Dinge sein können, sofern man sich in die physikalische Welt begibt. Da treffen wir allein schon die verschiedensten *Arten von Strömen*. Den Hydromechaniker interessiert vor allem der *Wasserstrom*, oder, wie es auch mit Bezug auf die Bewegungsart heißt, die *Wasserströmung*, den Aeromechaniker der *Gas-* und *Dampfstrom*. Alle diese Ströme werden, sofern sie von kleinerem Querschnitt und genügender Geschwindigkeit sind, auch als Strahlen bezeichnet. Aber nicht nur Materie bewegt sich: alles fließt, wie der griechische Philosoph sagt. So ist es auch in der Physik. Denn nichts existiert, von dem wir sagen könnten, daß es sich in „absoluter" Ruhe befindet.

Der Strom, von dem man am meisten spricht, der *Strom par excellence,* ist der *elektrische.* Soweit wir ihn in den Apparaten unseres täglichen Gebrauchs kennen, ist es ein *Leitungsstrom.* Denn hier strömt die Elektrizität durch elektrisch leitendes Material. Daneben gibt es aber auch *Konvektionsströme.* Solche haben wir z. B. in den so wichtigen Elektronenröhren vor uns. Hier findet Elektrizitätstransport durch das Vakuum hindurch statt. Ebenso wichtig sind die *Verschiebungsströme,* die in allen Isolatoren auftreten, wenn man sie einer Wechselspannung aussetzt. Hier wird die Elektrizität nur in den Molekülen hin und her bewegt. Ein Isolator wird auf diese Weise fortwährend elektrisch umpolarisiert, ähnlich, wie das Eisen eines Transformators hin und her magnetisiert wird. Dadurch entstehen auf beiden Seiten einer isolierenden Scheibe wechselnde elektrische Ladungen. Bringt man daher ein solches „Dielektrikum" zwischen die Platten eines Luftkondensators, so wird dessen kondensierende Kraft verstärkt. Sehr augenfällig zeigt sich das in der Verringerung des Wechselstromwiderstandes, die ein Kondensator dabei erfährt.

Statt nach ihrem Wesen kann man *Ströme* auch *nach ihrer „Form"* einteilen. Je nachdem, ob ein Strom seine Richtung dauernd beibehält oder sie fortwährend ändert, spricht man von einem *Gleich-* oder *Wechselstrom.* Dabei kann ein Gleichstrom *konstant* oder *pulsierend* oder sogar *intermittierend* sein. Solche Ströme erhält man, wenn man konstantem Gleichstrom Wechselstrom „überlagert" oder ihn durch „Unterbrecher" zerhackt. Wechselströme können ihrerseits *nieder-, mittel-* oder *hochfrequent* sein, wobei ein scharfer Übergang naturgemäß nicht festgestellt werden kann. Die Größenordnung der Frequenzbereiche kann etwa durch die Zahlen charakterisiert werden 0 ... 100, 100 ... 10 000, 10 000 ... 1 000 000 und höher. Die höchsten Frequenzen, die man bislang hergestellt hat, betragen etwa 30 Milliarden pro Sekunde. Es gibt auch gemischte Wechselströme. Solche liegen immer vor, wenn der zeitliche Verlauf eines Stromes nicht sinusförmig ist.

Wir wollen die elektrischen Ströme nicht verlassen, ohne noch auf die merkwürdige Tatsache hinzuweisen, daß Wasserströme direkt elektrische Ströme erzeugen können. Man hat nur Wasser durch eine poröse dünne Scheibe hindurchzupressen, und schon fließt in derselben Richtung ein *„Strömungsstrom".* Was all den genannten Strömen gemeinsam ist, ist der Umstand, daß sie aus wägbaren Teilchen bestehen. Davon sind selbst die Elektronenströme nicht ausgenommen. Wägen wird man sie zwar nicht können, obschon eine *Stromwaage* existiert. Hier handelt es sich eben nicht um eine Waage im gewöhnlichen Sinne, sondern um einen Apparat, der aus der magnetischen Anziehung einer Stromspule auf die *Stromstärke* zu schließen erlaubt.

Hingegen gibt es nun auch *Imponderabilien, die strömen.* Ich denke hier nicht gerade an den Strom der Zeit und noch weniger an die Reutersche Stromtid, aber es gibt unwägbare *Energieströme.* Einen solchen stellt das Licht dar. Eine Lichtquelle, die in den Raum pro sec je 1 Erg Strahlungs-

energie hinausschickt, könnte etwa als *Einheitsstromquelle*
bezeichnet werden. Da man sich aber hauptsächlich für den
optischen Effekt interessiert, so bezieht man sich einfach auf
die *Licht*ausströmung einer „Normallampe". Als solche gilt
die Dochtflamme einer nach bestimmten Vorschriften hergestellten und beschickten *Hefnerlampe.* Denkt man sich eine
solche in eine innen geschwärzte Kugel von 1 m Radius eingeschlossen, und bringen wir seitlich eine Öffnung von 1 cm²
an, so kommt aus dieser der Energiestrom von $^1/_{10\,000}$ *Lumen*
heraus. Setzen wir in die Kugelmitte der Reihe nach verschiedene Lichtquellen, so werden wir an der Stärke des Energie-
stroms die Lichtintensitäten ermessen können. Der optische
Vergleich der Energieströme ist die Aufgabe der Photo-
metrie und daher ein Kapitel für sich. Der
Energiestrom ist aber eigentlich eine elektromagnetische Angelegenheit. Denn Lichtwellen
bestehen aus der wellenartigen Fortpflanzung
elektrischer und magnetischer Felder. Der
Energiestrom an irgendeiner Stelle des Strah-
les läßt sich sogar berechnen. Nach P o y n -
t i n g erhält man ihn, wenn man das Produkt
aus elektrischer und magnetischer Feldstärke

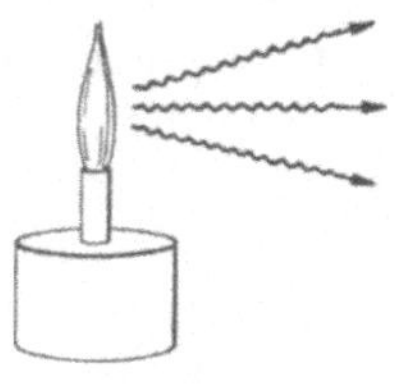

Abb. 27.
Hefnerkerze.

bildet, das zeitliche Mittel nimmt und noch durch $4\,\pi$ dividiert.
Dies gilt natürlich für alle elektromagnetischen Ströme, die
es gibt, so für elektrische Wellen, Röntgenstrahlen usw. Auch
das Gebiet der Energieströme ist daher ein reichhaltiges. Man
sieht: überall Ströme und nichts als Ströme!

Wo bleiben dann aber die *Flüsse?* Unerwarteterweise
treffen wir diesen Ausdruck in der Flüssigkeitslehre nur
selten und nur als Bezeichnung für eine mathematisch näher
umschriebene Größe. Etwas bekannter ist er schon bei festen
Körpern, obschon diese gar nicht fließen. Dort wird er nämlich gelegentlich für ein durch Fließen Gewordenes gebraucht, so in der Bezeichnung „*Glasflüsse*". Eine besondere
Rolle spielt aber der Ausdruck im Magnetismus und in der
Elektrizität, wo wir den Begriff des „*Kraftlinienflusses*"
vorfinden. Man pflegt sowohl magnetische als elektrische
Felder durch Kraftlinien wiederzugeben. Diese Linien stellen

nun bildlich wenigstens einen Fluß dar, indem sie einen bestimmten Richtungssinn, nämlich den von Plus- zu Minuspolen aufweisen. Stellen wir zwei Metallplatten nach Art eines Kondensators einander gegenüber und laden sie auf, so entsteht sofort ein Kraftfeld zwischen ihnen und damit ein Kraftfluß von der Plus- zur Minusplatte. Stellen wir in den Zwischenraum hinein einen Isolator und sorgen dafür, daß die Aufladespannung dieselbe bleibt, dann wird der Kraftfluß verstärkt. Man merkt das an der Erhöhung des elektrischen Fassungsvermögens. Den Verstärkungsfaktor nennt man *Dielektrizitätskonstante* (Bezeichnung: ε), und da die Verstärkung durch die Influenz- oder Induktionswirkung im Isolator zustande kommt, so spricht man jetzt von einem *Induktionslinienfluß* oder kurz von einem „*Flux*".

Geläufiger sind uns die Verhältnisse beim Magnetismus. Schickt man durch eine Drahtspule einen elektrischen Strom, so entsteht ein magnetischer Kraftfluß durch die Spule hindurch, der sich aus dem einen Ende heraus allseitig in die Luft zerstreut und am andern Ende dann wiederum sammelt. Steckt man nun einen Eisenstab in die Spule hinein, so wird dieser magnetisiert, und es addieren sich zum Kraftlinienfluß noch die Linien des induzierten Eisens. Den gesamten „Flux" erhält man nun, indem man den Kraftlinienfluß noch um das 4π-fache der Magnetisierung vermehrt. Das Verhältnis des Induktionslinienflusses zum Kraftlinienfluß nennt man die *Permeabilität* des Materials (Bezeichnung: μ). Aus einer eisengefüllten Stromspule kommen demgemäß μ mal mehr Kraftlinien heraus als aus einer leeren. Ihr Magnetismus ist daher um das Mehrtausendfache verstärkt. Die Bezeichnung Permeabilität oder Durchlässigkeit für Induktionslinien verstehen wir, wenn wir den stabförmigen „Eisenkern" der Spule magnetisch schließen, d. h. die Enden außen herum durch eine U-förmig gebogene Eisenstange verbinden, so daß ein geschlossener Eisenweg entsteht. Dann sammelt sich sofort der im ganzen Raum zerstreute Kraftfluß und flutet jetzt durch den Eisenschluß. Man merkt das daran, daß jede magnetische Wirkung der Stromspule verschwunden ist! Trotzdem kann man einen Induktions-

74

linienfluß sehr leicht nachweisen. Man verbinde etwa die Stromspule direkt mit einem Galvanometer, und nun streiche man mit einem Magnetpol über den Eisenschluß hin und her. Dann läuft ein pulsierender Kraftfluß durch die Spule hindurch. Es entstehen Induktionsströme, und das Galvanometer zeigt einen hin und her gehenden Ausschlag an. Man findet die induzierte elektrische Spannung jederzeit direkt aus der *Änderungsgeschwindigkeit des Induktionslinienflusses.*

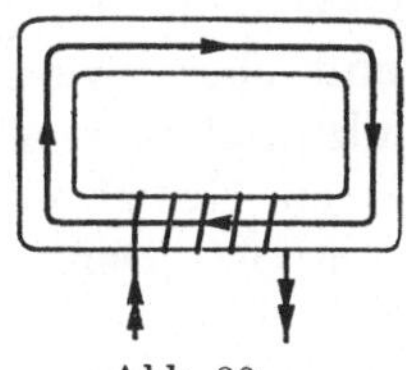

Abb. 28.

$\rightarrow$ Fluß (magnetisch),
$\rightarrow\!\!\rightarrow$ Strom (elektrisch).

Wir sehen also, es besteht eine grundlegende Wechselwirkung zwischen magnetischen Flüssen und elektrischen Strömen. Flußänderungen erzeugen Ströme und Ströme Flüsse! Das ist letzten Endes auch der Grund dafür, daß es keine elektrischen Wellen schlechthin gibt, es sind immer auch magnetische dabei. Wir kennen daher auch nur *elektromagnetische Wellen.* Hoffen wir, daß trotz der innigen Verknüpfung von Strom und Fluß die beiden Begriffe nun so weit auseinandergesetzt sind, daß sie uns nicht mehr zusammenfließen.

15. Run zum absoluten Nullpunkt.

Niemand weiß eigentlich, wann dieser Run zum absoluten Nullpunkt der Temperatur begann. Wohl hat man sich zu allen Zeiten für große Kältegrade interessiert und sich auch wohl Rekordzahlen einzelner Gegenden und Winter vermerkt. Aber es konnte sich dabei höchstens um eine Art Rivalität handeln, von der man wußte, daß sie sich innerhalb gewisser Grenzen bewegen werde, und daß die Natur zwar leicht Temperaturen bescheren kann, bei der das Quecksilber gefriert ($-39°$ C), daß diese aber nie Kältegrade aufweisen würde, die an den absoluten Nullpunkt, $-273,2°$ C, heranreichen. Die in der Natur vorkommenden Temperaturen zu unterbieten war erst den Fortschritten der *künstlichen Kälteerzeugung* vorbehalten. Zwar war das Bedürfnis der

Kältetechnik nach extrem tiefen Temperaturen zunächst nicht sonderlich groß, da man für Kühlzwecke mit mäßig niedrigen Temperaturen auskam. Erst die Technik der Verflüssigung der Gase mußte notgedrungen zu immer größeren Kältegraden fortschreiten, da eben eine Verflüssigung vieler Gase ohne das gar nicht möglich ist. Damit gelangte man nun aber zwangsläufig zu Temperaturen, die nicht mehr allzuweit vom absoluten Nullpunkt entfernt sind und damit in ein Gebiet, das für die Wissenschaft von höchster Bedeutung ist. Denn dort verändern sich die Eigenschaften der Materie in besonders charakteristischer Weise. Und, einmal so weit, mußte es dem Physiker keine Ruhe lassen, weitere Mittel und Wege zu ersinnen, um an jenen Punkt heranzukommen, der den Wärmetod bedeutet, wo die Molekularbewegung erlischt und das Expansionsbestreben eines Gases aufhört und alles zu einer kompakten Masse erstarrt.

Wir wollen sehen, welche Mittel da zur Verfügung standen und wohin der Run bis jetzt geführt hat. Die einfachste Vorrichtung zur Erzielung mäßiger Kältegrade, wie man sie z. B. zur Glaceerzeugung benützen kann, ist eine Mischung von 3 Teilen Eis oder Schnee und 1 Teil Kochsalz. Da diese beiden festen Substanzen nicht miteinander im Gleichgewicht sein können, so werden sie flüssig und kühlen sich durch *Entzug der Schmelzwärme* aus dem Eise ab. Die Abkühlung geht höchstens bis zur sogenannten *kryohydratischen Temperatur* (theoretisch — 23°). Mit anderen Mischungen erhält man noch etwas tiefere Temperaturen, wohl kaum aber wesentlich unter — 50°. Ähnlich kann man auch die *Lösungskälte* verwenden. So erzielt man beim Übergießen von Ammoniumnitrat mit Wasser leicht — 15°.

Wirkungsvoller ist die *Verdampfungskälte*. Läßt man Wasser unter dem Rezipienten einer Luftpumpe verdampfen, so kühlt es sich bald so weit ab, daß es gefriert. Damit ist praktisch aber auch die Grenze erreicht. Bei jeder Flüssigkeit kann so bis zum Erstarrungspunkt abgekühlt werden. Nun scheint es sehr einfach, zu tiefen Temperaturen vorzudringen. Man hat sich nur eine Substanz mit genügend tiefem Gefrierpunkt auszusuchen, am besten eine solche, die auch da unten noch genügend rasch verdampft. Nur existieren leider solche Stoffe *bei gewöhnlicher Temperatur nicht als Flüssigkeit.* So gibt es keine flüssige Luft bei Zimmertemperatur. Zum Glück kann man sich aber so helfen, daß man das Prinzip der *sukzessiven Kältebäder,* d. h. eine *Kaskadenanordnung* verwendet, wie sie zuerst von Raoul Pictet zur Verflüssigung der Luft benützt worden ist. Man wird erst ein Gas nehmen, das bei gewöhnlicher Temperatur durch Druck verflüssigbar ist, und verwendet die unter vermindertem Druck siedende Flüssigkeit als Kältebad für ein zweites Gas, das wiederum niedriger siedet usw. In Betracht kommen etwa schweflige Säure, dann Kohlensäure oder Äthylen.

Außer den genannten Verfahren gibt es nun aber noch Hilfsmittel, bei denen *keine Aggregatzustandsänderung* benützt wird. Ein solches ist die *Expansion eines Gases.* In jedem Gas sitzt Wärmeenergie. Wird nun durch Expansion *Arbeit infolge Überwindung äußerer Widerstände* geleistet, so wird die Wärmeenergie ganz oder zum Teil verbraucht. Dabei entsteht Abkühlung. Durch Verwendung genügender Anfangsdrucke (bis über 300 at) gelang es schon um die Mitte des 19. Jahrhunderts Cailletet, die Verflüssigung von Sauerstoff und Stickstoff zu erreichen, woraus hervorgeht, daß er mindestens — 147° erzielt hat, eine Temperatur, oberhalb welcher Stickstoff nicht verflüssigt werden kann.

Wahrscheinlich waren die erreichten Temperaturen noch wesentlich niedriger, da sogar Wasserstoff bis an die Kondensationsgrenze gebracht werden konnte. Dieses Verfahren der *adiabatischen Expansion,* d. h. der Volumvergrößerung bei völliger Wärmeisolation wäre noch wirksamer bei den Edelgasen, die sich infolge ihrer Einatomigkeit noch etwas stärker abkühlen. Da sie sich aber andererseits zum Teil durch besonders tiefe Kondensationstemperaturen auszeichnen, so dürfte man gerade hier nur schwer zu einer Verflüssigung gelangen. Immerhin ist die Arbeitsleistung eines Gases bei der Expansion zur Kälteerzeugung verwendet worden. Doch läßt sich, wie die Luftverflüssigungsmaschine von Claude zeigt, mit ihr allein kein rationeller Betrieb erreichen.

Und doch ist die wirksamste Methode, die heute die ganze Kältetechnik beherrscht, eine Expansionsmethode. Nur läßt man die Gase sich *ohne äußere Arbeitsleistung* ausdehnen, was man dadurch erreicht, daß man sie unter Reibung durch eine Düse hindurchpreßt. Der hierdurch erzielte Temperatureffekt, den man den Thomson-Joule-*Effekt* nennt, ist zwar herzlich klein, läßt sich aber durch eine geniale Einrichtung derart vervielfachen, daß man rasch zu den Kondensationstemperaturen der Gase gelangt. Dies erreichte Linde durch seinen *Gegenstromapparat.* In seiner Luftverflüssigungsmaschine wird die aus der Düse austretende Luft zur Vorkühlung für die zur Düse hinströmende Luft verwendet.

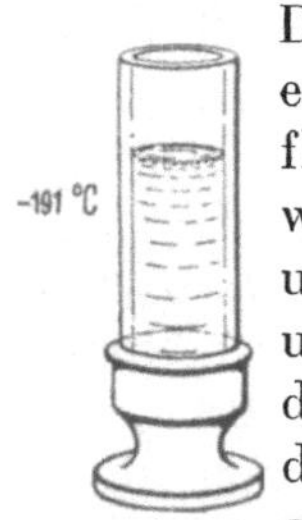

Abb. 29.
Flüssige Luft.

Durch einen kontinuierlichen Zirkulationsprozeß erhält man so schließlich eine fortlaufende Verflüssigung. Damit war nun auch der Weg gewiesen, um sämtliche bisher als permanent oder unbezwingbar bezeichneten Gase, wie Wasserstoff und Helium zu verflüssigen. Zwar konnte man das Lindesche Verfahren nicht direkt anwenden, da der Thomson-Joule-Effekt für die letztgenannten Gase eine Erwärmung statt einer Abkühlung ergibt. Aber man hatte nun flüssige Luft mit ihren — 191° als Kältebad, und bei dieser Temperatur arbeitet dann die Lindesche Maschine im richtigen Sinn. So läßt sich leicht flüssiger Wasserstoff in größeren Mengen herstellen, und indem man diesen mit seinen — 252° als Vorkühlung verwendet, auch flüssiges Helium. Damit gelangte Kamerlingh Onnes 1905 auf — 268,7°. Läßt man diese Flüssigkeiten unter vermindertem Druck sieden, so kühlen sie sich noch weiter ab, und man erhält so mit flüssigem bzw. festem Wasserstoff Kältegrade von — 259,3° bzw. — 263,7°, und mit Helium sogar — 272,5°. Bei solchen Temperaturen ist es angezeigt, sie nicht mehr vom Eispunkt, sondern vom absoluten Nullpunkt aus zu zählen. Darnach ergibt sich die tiefste, durch Gasverflüssigung erzielte Temperatur zu 0,7 abs. oder 0,7 K, eine Bezeichnung, die zu Ehren Lord Kelvins eingeführt worden ist.

78

Damit schien man auf einem Tiefstand angelangt zu sein, der nicht mehr weiter zu unterbieten war. Auch konnte man sich zunächst damit zufrieden geben, da kein dringendes Bedürfnis nach weiterer Temperaturerniedrigung bestand. Genügte doch das Erreichte für die Untersuchung der laufenden Probleme. Hingegen konnte das Resultat dem menschlichen Forschungsdrang schwerlich genügen, und da mit den bekannten Mitteln nichts weiteres zu erhoffen war, mußte man nach neuen Möglichkeiten suchen. Schon vor einer Reihe von Jahren wurde auf die Tatsache hingewiesen, daß es möglich sein könne, *mit Hilfe des Magnetismus* zu tieferen Temperaturen vorzudringen. Man kannte die Eigenschaft des Eisens, daß es sich bei Einwirkung einer magnetischen Kraft erwärmt und bei Entfernung derselben abkühlt. Es war nun zu erwarten, daß dieser an und für sich geringe Effekt in verstärktem Maße sogar bei gewöhnlichen Substanzen auftreten würde, sofern diese nur genügend stark vorgekühlt werden. Alle sogenannten paramagnetischen Substanzen, wie Glas oder Sauerstoff, die sich ähnlich wie das Eisen, nur für gewöhnlich sehr viel schwächer, magnetisieren lassen, werden bei einigen Grad K meist außerordentlich stark magnetisierbar. An solchen Substanzen wurden nun erstmalig im Leidener Kältelaboratorium 1933 Versuche ausgeführt. Das Verfahren besteht in folgendem. Man hängt eine Substanzprobe an einer Waage auf und taucht sie in siedendes Helium. Nun läßt man ein kräftiges Magnetfeld einwirken und wartet so lange, bis die hierdurch bewirkte Erwärmung sich wieder verloren hat. Wenn man jetzt das Magnetfeld plötzlich entfernt, so tritt der *thermomagnetische Abkühlungseffekt* ein. Man erkennt dies daran, daß die Substanzprobe nun stärker in den Magneten hineingezogen wird als vor dem Versuch, also stärker an der Waage zieht. Dieser Abkühlungsprozeß ist allerdings infolge der spontanen Wiedererwärmung nicht von Dauer. Auf diese Weise wurde mit Kaliumchromalaun eine Temperatur von 0,05 K erzielt. Im Jahre 1935 ist man sogar bereits zu 0,005 K vorgedrungen.

Der Run ist damit neuerdings in Gang gekommen und wird zunächst erst dann stoppen, wenn das neue Mittel versagt. Inzwischen ist man allerdings vielerorts noch auf der Suche nach günstigen Substanzen. Nicht jede ist geeignet, denn nicht an allen läßt sich die Temperatur einwandfrei messen. Natürlich *versagen alle üblichen Thermometer*, und man muß die Temperatur mit Hilfe der Veränderlichkeit der Magnetisierungsfähigkeit der Probe selbst messen. Voraussetzung ist die *Gültigkeit des* Curie*schen Gesetzes*, wonach auch bei diesen Extremtemperaturen die Magnetisierbarkeit umgekehrt proportional der absoluten Temperatur sein soll. Dies scheint gewährleistet bei Substanzen, die man als *ideale paramagnetische* bezeichnet, das sind solche, bei denen die Magnetisierung der Atome sich ohne gegenseitige Beeinflussung vollzieht. Mit Hilfe solcher Substanzen kann man geradezu eine ideale Skala für Extremtemperaturen festlegen und geht damit einen ähnlichen Weg, wie man ihn seinerzeit

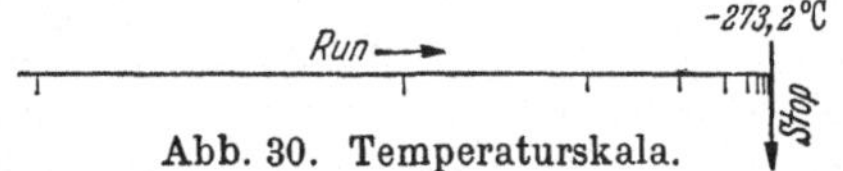

Abb. 30. Temperaturskala.

für die höherliegenden Temperaturen an Hand der idealen Gase beschritten hat.

Um den erreichten Fortschritt richtig zu beurteilen, müßte man eigentlich die *logarithmische Temperaturskala*, wie sie von Lord Kelvin vorgeschlagen worden ist, anwenden. Darnach würde einer Senkung von 100 K auf 10 K dieselbe Bedeutung zukommen wie von 10 K auf 1 K oder von 1 K auf 0,1 K. Unter diesem Gesichtspunkt stehen dann der Forschung allerdings noch unermeßliche Fortschritte offen. Der Run kann weitergehen und wird schließlich nicht aufhören können, indem man eben von Zehnerpotenz zu Zehnerpotenz rennen wird, ohne je ganz an den absoluten Nullpunkt heranzukommen. Wen erinnert dieser Wettlauf nicht an den klassischen des Achilleus mit der Schildkröte, der, obschon viel schneller laufend als diese, sie eben doch nie erreichte? Schließlich sind diese Verhältnisse nur das Sinnbild dafür daß alle Materialeigenschaften sich beim absoluten Nullpunkt *allmählich* einem Grenzwert nähern, und daß aus diesem Grund — gemäß dem Nernstschen Wärmetheorem — der

80

absolute Nullpunkt nie ganz erreicht werden kann. Vorerst sieht es so aus, wie wenn das Hinuntertauchen zu immer tieferen Temperaturen mehr ein gewisses sportliches Interesse hätte, wobei die physikalischen Taucher, unentwegt und uneingedenk der Schillerschen Worte: „Da unten aber ist's fürchterlich, und der Mensch versuche die Götter nicht", immer wieder ansetzen. Es bestehen aber Anzeichen dafür, daß das neue Verfahren allmählich auch praktische Anwendung finden kann. Ist es doch bereits gelungen, größere Substanzmengen abzukühlen und den Wiedererwärmungsprozeß stark zu verzögern. Vor allem hofft man nun, dem Magnetismus, wie er zutiefinnerst im Atom, nämlich in seinem Kern sitzt, experimentell beikommen zu können.

16. Dampf und Dunst.

Gewöhnlich macht man sich keine Vorstellung von den lebhaften Vorgängen, die man beim Eingießen eines Gläschens Wasser heraufbeschwört. Es ist nämlich ein richtiger Sturm im Wasserglas! Denn aus der Wasserfläche schießen mit Vehemenz Dampfmolekeln in die Atmosphäre hinaus. Wohl sieht unser Auge nichts von diesem Schnellfeuer. Aber der Physiker rechnet uns vor, daß es selbst bei nur geringer Wasserverdunstung — nehmen wir mal 18 g in einer

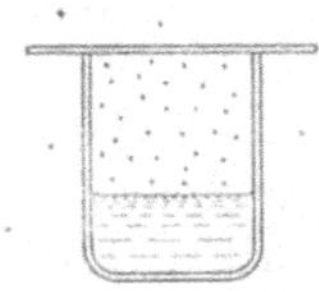

Abb. 31. Dampf.

Woche an — schon 1 Trillion pro sec sind. Es ist indessen leicht, diesen Vorgang zu bremsen. Wir stülpen einfach einen Deckel über das Glas. Dann verdampft nämlich nur so viel, bis die Luft im Wasserglas „wasserdampfgesättigt" ist, d. h. bis sich ein *Wasserdampfdruck* ausgebildet hat, welcher der gerade herrschenden Temperatur entspricht. Dabei wird der Dampf natürlich entsprechend Luft verdrängen und diese somit verdünnen. Indessen bleibt der Barometerdruck im Innern unverändert, vorausgesetzt, daß der Deckel nicht hermetisch verschließt. Bloß setzt sich jetzt der Druck aus dem des gesättigten Dampfes und dem der restlichen Luft zusammen. Auch außerhalb des Glases besteht eigentlich der Barometerdruck aus diesen beiden Teilen. Nur ist der Anteil des dort ungesättigten Wasserdampfes geringer. Würde man den Quotienten aus diesem „*Partialdruck*" des Dampfes außerhalb und innerhalb des Glases bilden, so würde man das erhalten, was uns die Hygrometer anzeigen, nämlich die *relative Luftfeuchtigkeit*.

Bis die *Dampfsättigung* erreicht wird, dauert es natürlich geraume Zeit, da die zu verdrängenden Luftmoleküle heftigen Widerstand leisten. Viel rascher geht es, wenn man Wasser in einen luftleeren Raum hineinbringt. Wenn man aber glaubt, damit den Sturm im Wasserglas besänftigt zu haben, so ist man im Irrtum. Denn die Dampfmoleküle rasen beständig hin und her und schießen auch auf die Wasserfläche hinunter. Sie kehren dabei in den Schoß der wässerlichen Verbundenheit zurück. Dafür stoßen aber wieder andere Moleküle ab und erobern sich die dampfliche Freiheit. Es ist ein Kommen und Gehen. Wir haben keinen Ruhezustand, sondern ein „*dynamisches Gleichgewicht*", bei dem dauernd soviel Wasser verdampft, als auch wieder „*kondensiert*". Auch an den vorerst trockenen Wänden passiert das gleiche. Das heißt, sie überziehen sich mit einer dünnen Wasserhaut, an der nun derselbe Prozeß stattfindet. Dieses Spiel können wir nur so stoppen, daß wir das Gefäß wärmer und wärmer machen, bis alles Wasser verdampft ist. Dabei beobachten wir, daß der Dampfdruck zunimmt. Wir erhalten eine richtige „*Dampfdruckkurve*". Bei 100° sind es 1, bei 120° 2 und bei 180° 10 at Druck. Auf die Größe des Gefäßes kommt es dabei gar nicht an. Der Dampfdruck kümmert sich nicht um das Volumen. Drastisch sieht man das daran, daß im Dampfkessel einer großen Lokomotive und dem eines Spielmodells bei gleicher Erhitzung der gleiche Druck herrscht.

Auch ohne Temperaturerhöhung kann man das Wasser ganz verdampfen. Man hat nur den Dampfraum genügend zu vergrößern, indem man etwa einen Zylinder mit ausziehbarem Kolben anschließt. Bei diesem Vorgang bleibt der Druck absolut konstant, solange die beiden „*Phasen*" vorhanden sind. Sobald aber alles verdampft ist, so entsteht eine

Dampfverdünnung. Man nennt den Dampf jetzt *ungesättigt*. Sofern man diesen Zustand nicht durch Volumvergrößerung, sondern wie oben durch Erhitzung herbeiführt, heißt man den Dampf auch *überhitzt*. Ein solcher Dampf verhält sich nun ganz wie ein Gas, nur mit dem Unterschied, daß er sich durch bloße Kompression wieder verflüssigen läßt. Dem Physiker ist es aber eine Kleinigkeit, einen Dampf wirklich in ein Gas zu verwandeln. Er muß nur die Temperatur des ungesättigten Dampfes genügend weit steigern. Dann gelingt es auch bei noch so hohen Drucken niemals, den Dampf wieder in den flüssigen Zustand zu bringen. Andererseits kann derselbe Physiker auch jedes Gas in Dampf verwandeln, so z. B. Luft. Er muß sie nur genügend weit abkühlen, hier auf — 141° C. Man nennt dies die *„kritische" Temperatur*.

Was geschieht nun, wenn wir einen Dampf in geschlossenem Gefäß abkühlen? Nun, erst erscheint die flüssige Phase, die fortwährend an Volumen zunimmt. Schließlich erstarrt sie aber, und nun haben wir Eis im dynamischen Gleichgewicht mit Wasserdampf. Das heißt, es findet *Sublimation* statt und auch das Umgekehrte, für das man allerdings keine besondere Bezeichnung hat. Nicht nur Eis, alle festen Körper verdampfen, nur zum Glück äußerst langsam. Der Dampfdruck ist oft fast unmeßbar gering. So gibt z. B. Quecksilber einen Dampfdruck von etwa 1 Millionstel mm. Einer der empfindlichsten Druckmesser oder *Manometer* ist gelegentlich unsere Nase. Das Verdampfen von manchen Geruchsstoffen könnte man wohl kaum anders nachweisen als mit unserem Riechorgan.

Bemerkenswert ist der Einfluß von *Beimengungen* auf das Verdampfen von Flüssigkeiten. Dieser ist besonders groß, wenn sich diese stark an der Oberfläche ansammeln, so gerade bei Quecksilber, dessen Verdampfung sie stark herabsetzen, was natürlich auch die Gefahr einer gesundheitlichen Schädigung durch offenes Quecksilber mindert. Aber auch bei Lösungen, wo der Stoff das Lösungsmittel gleichmäßig durchdringt, findet eine merkliche *Reduktion der Dampfspannung* statt. So zeigen z. B. in wäßrigen Lösungen Salzmoleküle keine Verdampfungstendenz. Ja, diejenigen Moleküle, die sich in der Nähe der Oberfläche befinden, hindern geradezu die Verdampfung des Wassers. So kommt es denn, daß z. B. über dem Meere ein etwas kleinerer Sättigungsdampfdruck zu erwarten ist, als über einem Binnensee. Wenn man aber annehmen wollte, die Meerluft sei deshalb nicht salzig, so wäre das falsch. Aus dem Wasser gelangen die Stoffe eben nicht nur durch Verdampfung, sondern auch durch *Zerspritzen* in die Atmosphäre.

Will man eine Flüssigkeit rasch verdampfen, so ist es das einfachste, man bringt sie zum *Sieden* und geht damit von dem bloß molekularen zu einem sichtbaren Sturm im Wasserglas über. Erhitzen wir zu diesem Zwecke Wasser in einem offenen Glaskölbchen, so beobachten wir in der Nähe von $100°$ auch im Innern der Flüssigkeit das Entstehen von Dampfblasen, die mehr oder weniger stürmisch an die Oberfläche steigen. Die *Siedetemperatur* ist gerade jene, bei der die Dampfspannung so groß wie der Atmosphärendruck geworden ist. Der äußere Druck muß also durch den sich entwickelnden Dampf überwunden werden. In diesem Fall kann er die Luft rasch verdrängen. Nimmt man das Hindernis zum vorneherein weg, d. h. bringt man eine Flüssigkeit in den luftleeren Raum, so wird sie stets schon *bei gewöhnlicher Temperatur sieden* können. Wie kommt es aber, daß die Flüssigkeit nicht nur an der Oberfläche, sondern auch im Inneren verdampft? Hier hat sie es ja doch wesentlich schwerer! Muß nicht der Dampf außer dem äußeren Druck auch noch den *Flüssigkeitsdruck* überwinden? Ja noch mehr. Muß nicht jedes sich bildende Dampfbläschen sozusagen erst die *Flüssigkeit zerreißen*? Da scheint es nur *ein* Mittel zu geben, nämlich die Dampfbildung im Inneren durch eine genügende Übertemperatur zu erzwingen. In der Tat herrscht in einer siedenden Flüssigkeit immer eine etwas höhere Temperatur als im sich entwickelnden Dampf. Will man daher die Siedetemperatur einer Substanz richtig bestimmen, so wird man das Thermometer in den Dampf und nicht in die Flüssigkeit hineinstecken müssen!

Bloß zur Überwindung des Flüssigkeitsdruckes braucht die Übertemperatur gar nicht so hoch zu sein. Genügen doch

84

selbst in 10 cm Tiefe bereits 0,3°. Zum Zerreißen der Flüssigkeit bedürfte es aber einer wesentlich höheren Temperatursteigerung. Glücklicherweise ist eine solche für gewöhnlich nicht vonnöten, da sich freiwillige Helfer einstellen, nämlich winzige Luftbläschen, die entweder im Wasser gelöst diesem entsteigen oder sonst wie an der Gefäßwand ein unbeachtetes Dasein fristen. Diese Bläschen bilden nun *Dampfkeime*, und in sie hinein entwickelt sich der Dampf mühelos. Um dies völlig zu verstehen, muß man wissen, daß die *Güte der Verdampfung* von der *Krümmung* der *Wasseroberfläche* abhängt! Auf einem Wasserhügel starten die Wassermoleküle leichter als in einer Mulde. Es bildet sich also bei einer konvexen Fläche ein höherer Dampfdruck aus als bei einer konkaven. Je stärker die Krümmung, um so größer der Unterschied. Will sich also ein Dampfbläschen im Innern bilden, dann entsteht bei der normalen Siedetemperatur ein viel zu kleiner Dampfdruck. Dieser muß daher erst durch eine bestimmte Übertemperatur auf seinen normalen Wert gebracht werden.

Wir verstehen nun die *Siedeerleichterung*, die man künstlich durch Hineinbringen poröser, d. h. lufthaltiger Stoffe, wie Kreide, Bimsstein u. dgl. erzielt. Wir verstehen aber auch das merkwürdige Phänomen des *Siedeverzugs*. Dieses tritt bei sauberer glatter Gefäßwand und gut ausgekochtem Wasser ein. In diesem Fall muß die Temperatur um einige Grade über den normalen Siedepunkt gesteigert werden, bis ein erstes Dampfbläschen die Flüssigkeit zerreißt. In diesem Moment setzt dann eine explosionsartige *Dampfentwicklung* ein, wobei der Siedepunkt plötzlich sinkt. Darauf geht es eine Weile, bis sich die Übertemperatur wieder eingestellt hat, worauf dann neuerdings stoßweise Dampfbildung auftritt.

Umgekehrt gibt es nun auch einen *Kondensationsverzug*. Kühlt man nämlich gesättigten Wasserdampf ab, so sollte er sofort im ganzen Dampfraum zu kondensieren anfangen. Das tut er aber nicht. Denn es müßten sich ja winzige Tröpfchen bilden, und die sind stark gekrümmt, können also nur mit einem höheren Dampfdruck im Gleichgewicht sein. Also wäre für sie der Dampf noch ungesättigt, und sie würdenden gleich wieder verdampfen müssen. Es bedarf daher einer ganz bestimmten *Übersättigung* zur Tröpfchenbildung. Oder aber, man muß für Kondensationsmöglichkeiten an ebenen Flächen sorgen. Solche stellen die Gefäßwände dar. Aber auch in der freien Atmosphäre gibt es Kondensationsgelegenheiten. Solche bieten *Staub-* und *Rauchteilchen.* Diese sind, verglichen mit den Dampfmolekülen, ungeheuer groß, erscheinen diesen daher praktisch als eben. Man sagt, sie dienen als *Kondensations-* oder *Nebelkerne.* Deshalb auch die Häufigkeit der Nebel in der Nähe von Städten (Londoner Erbssuppe!). Von der Nebel- und Wolkenbildung bis zur Massenkondensation, die wir *Regen* nennen, ist es dann nicht mehr weit. Nebel kann indessen auch in feinster Verteilung vorhanden sein, liefert er doch z. T. in Gemeinschaft mit Staub u. dgl. jenen *Dunstschleier,* der sich gelegentlich über die Landschaft legt. Daß die Atmosphäre häufig von großen Partikeln durchsetzt ist und daher eigentlich als Kolloid angesprochen werden muß, wird uns in manch schöner Mondnacht offenbar. Wenn sich nämlich die Mondstrahlen am Dunstschleier beugen, dann ziert sich unser Nachtgestirn mit jenem zarten Gebilde, das wir Mondkranz nennen. So sehen wir denn auch hier, daß Hans Dampf ein bißchen in allen Gassen ist und wir in einer Dampfatmosphäre von ewig wechselnder Beschaffenheit leben, die uns kaum weniger entbehrlich ist als die Luft, die wir atmen.

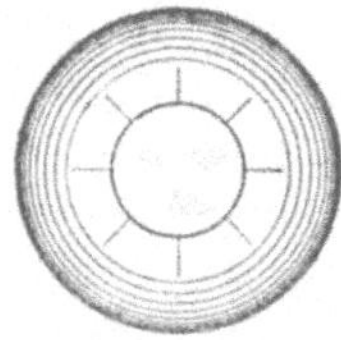

Abb. 32.
Mondkranz.

17. Linsen.

Was wir eine optische Linse nennen, ist zumeist ein Stück Glas, dessen Form einer Linsenfrucht ähnelt und das daher eben seinen Namen trägt. Ganz allgemein ist dies aber irgendeine durchsichtige Substanz, die von zwei Flächen begrenzt ist, von denen mindestens eine gekrümmt ist. Die größte Bedeutung haben die von Kugelflächen begrenzten, d. h. die *sphärischen Linsen.* Diese sind besonders leicht herzustellen und genügen für die Zwecke der optischen Abbildung vollauf. Von einiger Bedeutung sind nur noch die *Zylinderlinsen.* Am frühesten macht wohl jeder Bekanntschaft mit der typischsten Linsenform, der Bikonvexlinse. Ist dies doch das bei der Jugend so beliebte, aber so oft mißbrauchte *Brennglas.* Dieses zeigt uns unmittelbar die strahlensammelnde Wirkung der Linsen, indem es das parallel auffallende Strahlenbündel der Sonne nach einem Punkt konzentriert, den man infolge der Hitzekonzentration daselbst den *Brennpunkt* nennt. Seinen Abstand von der Linse heißen wir *Brennweite.* Je stärker brechend das Linsenglas und je stärker gekrümmt die Linsenflächen sind, um so kürzer ist die Brennweite. Diese variiert in praxi von wenigen Millimetern bis zu vielen Metern. Unter *Brechkraft* versteht man die reziproke Brennweite, letztere in Metern ausgedrückt. Man gibt sie an in *Dioptrien.* Eine Linse mit $\frac{1}{2}$ m Brennweite besitzt also beispielsweise $1 : \frac{1}{2} = 2$ Dioptrien. Nicht jede Linse sammelt die Strahlen. Sind die Begrenzungsflächen konkav, so wird ein paralleles Strahlenbündel divergent gemacht, zerstreut.

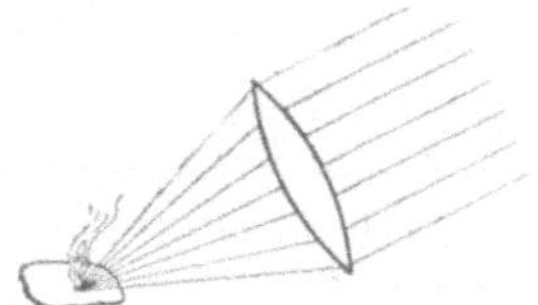

Abb. 33. Brennglas.

Es scheint nach dem Durchtritt von einem Punkt hinter der Linse herzukommen, von einem scheinbaren oder *virtuellen Brennpunkt,* dessen Abstand von der Linse man als negative Brennweite oder als *Zerstreuungsweite* bezeichnet. Die Brechkraft ist dementsprechend negativ. Es gibt 3 Sorten Sammellinsen. Eine Fläche ist bei allen konvex, die zweite kann konvex, eben oder konkav sein. Bedingung ist nur, daß die Linse in der Mitte dicker ist als am Rande. Wir haben also *Bikonvex-, Plankonvex-* und *Konkavkonvexlinsen.* Ebenso existieren 3 Arten von Zerstreuungslinsen, die *Bikonkav-,* die *Plankonkav-* und die *Konvexkonkavlinsen.* Kennzeichnend ist, daß sie in der Mitte dünner als am Rande sind. Als Material kommt außer den verschiedenen Glassorten noch kristalliner und geschmolzener Quarz, ferner Fluorit, die beide hauptsächlich für ultraviolettes Licht durchlässig sind, in Betracht, dann auch Steinsalz, das die Wärmestrahlen hindurchläßt.

Etwas ungewohnter mag schon die Herstellung von Linsen aus klarem Eis sein. Doch berichtet uns Jules Verne von der Herstellung eines solch genialen Brennglases, das seinen Polarreisenden in der letzten Not zum Feueranmachen gedient haben soll. Etwas alltäglicher ist die Brennwirkung von mit Wasser gefüllten Rundkolben, die an der Sonne stehengelassen, oft schon Brände verursacht haben. In diesem Sinne ist auch jeder Regentropfen ein „Brennglas".

Je größer der *Durchmesser* einer Linse, um so mehr Strahlen werden aufgenommen und konzentriert. Zur Steigerung der *Lichtwirkung* bei astronomischen Fernröhren verwendet man daher möglichst große Eintritts- (Objektiv-) Linsen. Die größte bisher hergestellte Linse besitzt der *Yerkes-Refraktor* der Universität Chikago mit einem Durchmesser von 40 Zoll (über ein Meter) und einem Gewicht von über 1 Doppelzentner. Je größer eine Linse, um so schwerer ist es, sie fehlerfrei herzustellen. Es steigt daher ihr Preis ganz gewaltig mit dem Durchmesser. Vor allem muß das Material frei von Luftblasen und von inneren Spannungen sein, d. h. völlig homogen und isotrop, dann aber sind die Flächen einwandfrei zu schleifen (Karborund) und zu polieren (Polierrot). Für geringere Ansprüche können allerdings auch gegossene Linsen genügen.

Was den Linsen ihre große Bedeutung gibt, ist ihre *abbildende Wirkung*. Nicht nur die Sonnenstrahlen werden nach einem Punkt konzentriert. Auch die von irgendeinem beliebigen leuchtenden oder beleuchteten Punkte ausgehenden, durch die Linse hindurchtretenden Strahlen werden nach einem Punkt vereinigt. Irgendeinem *Gegenstandspunkt* entspricht so ein bestimmter *Bildpunkt*. Und, indem sich jeder ausgedehnte Gegenstand sozusagen Punkt für Punkt abbildet, entsteht ein entsprechendes Bild auf der anderen Seite der Linse, das z. B. auf einem Stück weißen Papier oder einer Mattscheibe aufgefangen werden kann. Die Beziehung zwischen Lage und Größe von Bild und Gegenstand kann leicht mit Hilfe eines primitiven Photoapparates studiert werden. Dieser bestehe in einfachster Weise aus einer Sammellinse, einem ausziehbaren Balg und einer Mattscheibe.

Die Kassette brauchen wir dabei nicht. Zunächst lassen wir Sonnenstrahlen hereinfallen. Auf der Mattscheibe erscheint bei richtiger Einstellung ein helleuchtender Punkt: das unendlich kleine Sonnenbild! Der Abstand von der Linse betrage beispielsweise 10 cm. Er ist praktisch gleich der Brennweite der Linse. Theoretisch wäre diese um etwa einen Moleküldurchmesser kleiner anzusetzen, da sich die Sonne ja nicht wirklich in unendlicher Entfernung befindet. Nun nähern wir allmählich dem Apparat aus größerer Entfernung einen hellen Gegenstand, z. B. eine Kerzenflamme. Wir finden, daß wir den Balg erst nur wenig, dann immer stärker ausziehen müssen, um das Bild zu erhalten. Dieses ist zunächst winzig klein, und können wir vielleicht nur mit einer Lupe feststellen, daß es auf dem Kopfe steht. Allmählich wird es aber größer. Und wenn die Flamme in 20 cm Abstand, d. h. in die doppelte Brennweite herangekommen ist, befindet sich das Bild ebenfalls in 20 cm Entfernung und ist dann genau gleich groß. Von jetzt ab muß der Auszug gewaltig vergrößert werden, und schließlich wird er gar nicht mehr genügen. Denn bei der Annäherung der Flamme von 20 auf 10 cm eilt das Bild mit wahnsinnig steigender Geschwindigkeit von 20 cm Abstand bis ins Unendliche, sich zu unermeßlicher Größe aufblähend. Der kleinste Abstand, den Bild und Gegenstand haben können, ist bei 20 cm vorhanden und beträgt 40 cm. Hieraus folgt, daß man in einem Raum von weniger als 40 cm Abmessung mit der betreffenden Linse niemals ein Bild erzeugen könnte. Die Gesetzmäßigkeiten lassen sich exakt folgendermaßen formulieren: 1. *Die reziproke Gegenstandsweite und der reziproke Bildabstand* (immer von der Linse an gemessen und in Metern ausgedrückt) *sind zusammen gerade gleich der Brechkraft der Linse.* 2. *Die* (lineare) *Größe des* (stets umgekehrten) *Bildes verhält sich zu der des Gegenstandes wie der Bild- zum Gegenstandsabstand.*

Bringt man den Gegenstand zu nahe an die Linse heran (in unserem Fall näher als 10 cm), so entsteht überhaupt kein Bild. Hingegen können wir, wenn wir die Mattscheibe wegnehmen, den Gegenstand durch die Linse hindurch sehen.

Wir erhalten ein *Scheinbild*. Die Linse wirkt, wie man sagt, als *Lupe*. Der Gegenstand erscheint jetzt aufrecht und vergrößert. Ersetzen wir die Sammellinse durch eine Zerstreuungslinse, dann nützt uns die Mattscheibe überhaupt nichts mehr. Wir erhalten immer nur aufrechte Scheinbilder, die aber in diesem Fall verkleinert sind. Handelt es sich darum, rasch festzustellen, ob eine Linse, z. B. ein *Brillenglas*, sammelt oder zerstreut, so verfährt man so: Man benutzt eine nicht zu nahe Lichtquelle, etwa eine Deckenlampe, und hält die Linse nach Art eines Brennglases über ein Papier. Im ersten Fall erscheint ein heller Fleck, im zweiten ein dunkler Linsenschatten.

Besonders eindrucksvoll werden uns die Experimente, die wir mit unserem primitiven Photoapparat ausgeführt haben, tagtäglich durch die wunderbarste Kamera, die wir kennen, durch das *Auge* vorgeführt. Diese kleine *Camera obscura* enthält zwar mehrere optische Bestandteile, nämlich die Hornhaut, die wäßrige Flüssigkeit der vorderen Augenkammer, die Linse und den Glaskörper. Aber der wesentliche Bestandteil ist doch die Linse, die aus einer gallertigen und daher plastischen Masse von zwiebelartiger Konstitution besteht. Die Kamera ist zwar nicht ausziehbar. Und doch werden alle Gegenstände in größter Ferne und nächster Nähe (bis etwa 10 cm) scharf abgebildet! Das geschieht durch die wunderbare Einrichtung der *Akkomodation*, d. h. Formänderung der Linse, die durch veränderliche Spannung der am Rande der Linse befestigten Bändchen bewirkt werden kann. Beim unangestrengten Auge sind diese *gespannt*, die Linse hat ihre flachste Form. Die Strahlen fernster Gegenstände werden dann gerade auf der Mattscheibe, d. h. der Netzhaut, konzentriert. Betrachten wir einen näheren Gegenstand, dann entspannen sich die Bändchen entsprechend, die Linse wird dicker und die Brechkraft wächst augenblicklich so weit, bis das Bild scharf erscheint. Da der Bildabstand klein, so sind die Bilder stets verkleinert. Sie sind verkehrt, erscheinen in unserem Bewußtsein aber bekanntlich aufrecht. Diese Akkomodationsfähigkeit verliert sich leider mit zunehmendem Alter, weshalb die Augen dann *fernsichtig* bleiben und für die

Nähe einer Sammellinse als Brille bedürfen. Die weitverbreiteten Anomalien der *Kurz-* und *Weitsichtigkeit* bestehen nicht im Fehlen der Akkomodationsfähigkeit, sondern in einer zu großen bzw. zu kleinen Tiefe des Augapfels. Da die Netzhaut bei Kurzsichtigen zu weit entfernt ist, muß eine Zerstreuungslinse als Brille vorgesetzt werden. Entsprechend ist bei Weitsichtigen eine Sammellinse anzuwenden. Mit der Erwähnung der Brillen haben wir das weitaus wichtigste Anwendungsgebiet der Linsen gestreift, sofern wir von der Beschreibung zusammengesetzter Apparate, d. h. der optischen Instrumente, absehen wollen. Wir wollen nur noch als Kuriosum und bedeutsame Neuerung die sogenannten *Kontaktgläser* erwähnen. Es sind dies Brillengläser, die direkt auf den Augapfel aufgesetzt werden. Ihre Krümmung ist am Rande derjenigen des Augapfels angepaßt. In der Mitte sind sie dann je nach den gewünschten Dioptrien mehr oder weniger gekrümmt. Der dünne Zwischenraum zwischen Glas und Auge ist mit Wasser ausgefüllt. Man könnte von einer vorgesetzten *Wasserlinse* sprechen,

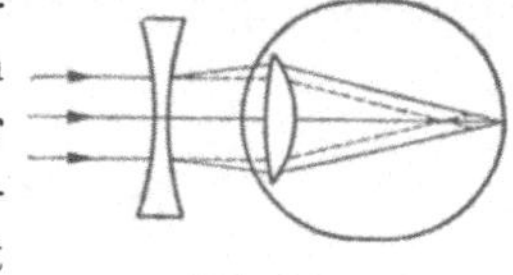

Abb. 34.
Kurzsichtiges Auge.

wenn nicht diese Bezeichnung schon von den Botanikern für eine Wasserpflanze in Anspruch genommen wäre.

Wie jedes Ding, so hat auch die Linse ihre *Fehler*, d. h. sie bildet nicht ideal ab. Dies trifft auch für das schönste Instrument, das Auge, zu. Betrachtet man die Strahlen hinter einem Brennglas, indem man sie etwa durch Rauch sichtbar macht, so beobachtet man einen sich verjüngenden Strahlenkegel (die *Diakaustika*). Die vom Linsenrande herkommenden Strahlen sind zu stark geneigt und zielen daher nicht nach dem Brennpunkt. Nimmt man ferner eine Zylinderlinse, so erhält man überhaupt keinen Brennpunkt, sondern eine *Brennlinie.* Wenn daher eine gewöhnliche Linse nicht ganz gleichmäßig gekrümmt ist, so bildet sich ein Punkt auch nicht als Punkt ab. Wir erhalten *Astigmatismus* (Punktlosigkeit), wie er infolge von Hornhautanomalie bei vielen Augen vorhanden ist. Und lassen wir ferner Sonnenstrahlen einmal durch ein Rotglas und einmal durch ein Blauglas hindurchgehen, so erhalten wir im ersten Fall eine größere Brennweite als im zweiten. Eine Linse besitzt *Farbenzerstreuung* (chromatische Aberration). Davon ist auch das Auge nicht ausgenommen, was man sehr deutlich merkt, wenn man einmal weiße und einmal einfarbige Beleuchtung verwendet. Es ist dies der Grund, warum wir beim Licht der modernen (monochromatischen) Natriumdampflampen alle Gegenstände so überraschend scharf erkennen. Mit der Frage, ob und wie sich die Linsen- bzw. Abbildungsfehler beheben lassen, sind wir an der natürlichen Grenze unseres Themas angelangt.

Denn einesteils würde uns diese Frage zur Besprechung von *Linsensystemen* und andernteils zu der Anwendung der Linsen bei optischen Instrumenten führen. Wir wollen uns aber mit Einzellinsen begnügen, zumal ich denke, daß der Linsenhunger für einmal gestillt sein wird.

18. Mikro- und Makroskop.

Wohl kein optisches Instrument ist so wichtig wie das *Vergrößerungsglas* oder die *Lupe*. Es gibt aber auch kaum ein einfacheres. Denn jedes Brennglas läßt sich als Lupe verwenden. Man hat es nur vor das Auge zu halten und sich dem zu betrachtenden Gegenstand genügend zu nähern, und schon erhält man ein vergrößertes Bild in richtiger Lage. Es ist nicht einmal nötig, das Glas unmittelbar vor das Auge zu halten. Ja man kann es bei passender Linsenform sogar direkt auf den Gegenstand aufsetzen. Von was hängt nun der Wert einer Lupe ab? Nun erstens von ihrer Größe, da sich mit ihr das *Gesichtsfeld* erweitert, dann aber namentlich von der „Stärke". Darunter versteht man die *Vergrößerung* des Sehwinkels, unter dem der Gegenstand mit Lupe und ohne Lupe erscheint. Um vergleichbare Zahlen zu erhalten, wird man dabei als Betrachtungsabstand für das unbewaffnete Auge die *normale deutliche Sehweite*, 25 cm, festsetzen. Der Bildabstand kann allerdings immer noch wechseln zwischen dem Nah- und Fernpunkt des Auges, d. h. je nach dessen Akkomodation zwischen etwa 10 cm und unendlich.

Gewöhnlich gibt man die Vergrößerung für letzteren Fall, d. h. das unakkomodierte oder unangestrengte Auge an. Für den Fall, daß die Lupe direkt vors Auge gehalten wird, berechnet sie sich als Quotient aus deutlicher Sehweite und Brennweite. Allgemein wäre sie: deutliche Sehweite durch Gegenstandsabstand. Da dieser aber wegen der beschränkten Akkomodationsfähigkeit des Auges nur wenig kleiner als die Brennweite der Lupe gemacht werden kann, so steigt bei Akkomodation die Vergrößerung auch nur unwesentlich. Diese kann überhaupt nicht beliebig gesteigert werden, da mit Verkleinerung der Brennweite, d. h. zunehmender Krümmung und Dicke der Linse, die *Wölbungs-* und *Farbfehler* schließlich so weit zunehmen, daß die Bildqualität ganz ungenügend wird. Unter Verwendung korrigierter Linsensysteme gelangt man praktisch ungefähr bis zum Wert 3o. Besäßen wir uneingeschränkte Akkomodation, so könnten wir Gegenstände beliebig nahe ans Auge halten und

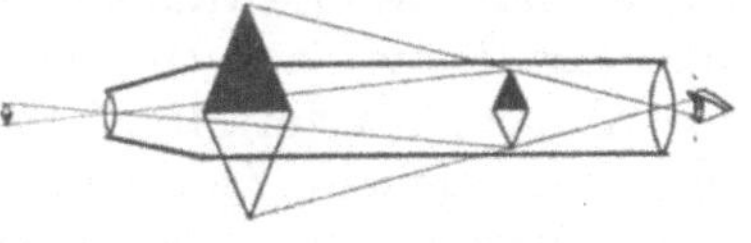

Abb. 35. Mikroskop.

so den Sehwinkel nach Belieben vergrößern. Da dies nicht geht, besorgt uns das die Lupe, wobei uns dann außerdem noch der Vorteil zufällt, daß wir das Auge überhaupt nicht anzustrengen brauchen.

Anders ist es beim *Mikroskop*, dem eigentlichen Beobachtungsapparat für kleine Dinge. Dieses besteht im Prinzip aus zwei starken Brenngläsern. Unter das eine bringt man das Objekt, wobei der Abstand etwas größer als die Brennweite sei. Es entsteht dann oberhalb der Linse ein vergrößertes, auf dem Kopf stehendes Bild. Dieses betrachtet man, indem man darüber ein zweites Brennglas anbringt. Da dieses als Lupe keine Bildumkehr bewirkt, so erscheinen alle Dinge im Mikroskop verkehrt, was aber kaum weiter stört. Um falsches Licht abzublenden und auch um eine bequeme Einstellung auf das Objekt zu ermöglichen, sind die Linsen oben und unten in einen Metalltubus eingesetzt, der seinerseits in einem Stativ durch ein Schraubengetriebe auf und ab bewegt werden kann. Sollen die Bilder hell und kontrastreich ausfallen, so müssen Beleuchtungseinrichtungen verwendet werden. Entweder man beleuchtet das Objekt von unten und sieht die Dinge auf hellem Grund (Hellfeld), oder aber von der Seite, wobei dann das Objekt auf dunkelm Grund erscheint (Dunkelfeld). Größere undurchsichtige Partien beleuchtet man mit Vorteil von oben. Bei all diesen Einrichtungen wird das Mikroskopierlicht durch einen Spiegel in die Tubusachse reflektiert und dann auf das Objekt konzentriert. Hierzu dienen die *Hellfeld-* oder *Dunkelfeldkondensoren* und die *Vertikal-Illuminatoren*. Die *Vergrößerung* eines Mikroskops hängt von der Stärke beider Brenngläser, dem augenseitigen oder *Okular*, und dem objektseitigen, dem *Objektiv*, ab. Man kann sich fragen, wie viele Mal sie hier größer ist, als wenn nur das als Lupe wirkende Okular allein verwendet würde. Zur Beantwortung ist die Kenntnis der sogenannten *optischen Tubuslänge* notwendig. Unter dieser versteht man den Abstand der im Metalltubus befindlichen Objektiv- und Okularbrennpunkte. Den Verstärkungsfaktor erhält man dann durch Division der optischen Tubuslänge durch die Objektivbrennweite. Starke Vergrößerungen erfordern also auch starke Objektive. Kein Wunder, wenn man hier mit einer einzigen Linse, deren Fehler mit der Stärke ungeheuerlich anwachsen, nicht auskommen kann, sondern *korrigierte Linsensysteme* verwenden muß. Typisch ist die halbkugelige *Frontlinse* des Objektivs, auf die noch weitere aus Kron- und Flintglas zusammengesetzte Linsen folgen. Das Okular selbst besteht dann gewöhnlich nur aus zwei Plankonvexlinsen, der *Kollektiv-* und der *Augenlinse*. Auch so ist man über Vergrößerungszahlen von etwa 2000 nicht hinausgekommen. Will man diese übertreffen, so muß man sich statt der Lichtstrahlen schon der Elektronenstrahlen bedienen. Mit solchen *Elektronen-Mikroskopen* lassen sich heute schon Werte von 100 000 erreichen.

Für die *Leistungsfähigkeit* eines Mikroskops ist aber keineswegs die Vergrößerung allein maßgebend, sondern ebenso die Auflösungskraft. Es wäre uns nicht gedient, wenn sozusagen aus einem Floh ein Elefant gemacht würde, sondern wir wollen die Flohhaftigkeit vielmehr in alle Einzelheiten aufgelöst sehen. Immerhin ist hier durch die Natur des Lichtes eine gewisse Grenze gesetzt. Zwei feine Striche nebeneinander können nämlich unter gar keinen Umständen mehr einzeln gesehen werden, wenn ihr Abstand kleiner ist als die Lichtwelle. Dieser kleinste Abstand, den man das *Auflösungsvermögen* nennt, geht also selbst bei dem kurzwelligen blauen Licht nicht unter etwa 0,4 tausendstel mm herunter. Im allgemeinen ist das Auflösungsvermögen gegeben durch den Quotienten aus Wellenlänge und zahlenmäßiger oder *numerischer Apertur*. Darunter versteht man den halben Objektivdurchmesser dividiert durch den Abstand des Objekts vom Objektivrand. Diese Größe kann naturgemäß höchstens = 1 werden, so daß die Wellenlänge die obere Grenze der Auflösung darstellt. Auf zwei Arten gelingt es indessen, einem Mikroskop noch eine höhere Auflösung abzutrotzen. Einmal kann man das Objekt schräg beleuchten, wodurch man eine Verbesserung bis gegen 100% erzielt. Dann aber kann man auch zwischen Objekt und Objektiv einen Flüssigkeitstropfen einschalten. Durch diese *Immersion* wird die Lichtwellenlänge im Verhältnis des Brechungsquotienten künstlich verkleinert. Bei Verwendung von Zedernholzöl resultiert so für das Auflösungsvermögen ein Gewinn von etwa 50%, so daß als *Rekord* hierfür schließlich ein Wert von 0,15 tausendstel mm resultiert. Damit ist nicht gesagt, daß kleinere Dinge nicht mehr gesehen werden können, so im Ultramikroskop mit seiner Dunkelfeldbeleuchtung, nur erhält man von ihnen kein Abbild mehr. Auch die bizzarsten Figuren erscheinen dann stets in Form von Punkten oder Kreisen.

Natürlich läßt sich ein Mikroskop auch mit einem schwachen Objektiv gebrauchen. Nur muß man den Gegenstand entsprechend weiter vom Objektiv entfernen, um ihn bei gleicher Tubuslänge scharf sehen zu können. Die Vergrößerung ist zwar allerdings entsprechend kleiner. Aber wir haben die Möglichkeit, mit dem Mikroskop schließlich auch größere Gegenstände, und zwar in beliebiger Entfernung, betrachten zu können; d. h. das Mikroskop verwandelt sich automatisch in ein *Makroskop*. Nur pflegt man diese Instrumente nicht so zu nennen, sondern man bezeichnet sie als *Teleskope* oder *Fernröhren*. Der Abstand, in dem wir einen Gegenstand betrachten, bestimmt offenbar allein, ob ein Instrument ein Mikroskop oder ein Fernrohr ist. Wo der Übergang stattfindet, läßt sich dabei nicht genau angeben. Immerhin wird man Mikro- und Makroskop schon äußerlich nicht leicht verwechseln. Während bei ersterem das Objektiv aus vielen kleinen Linsen zusammengesetzt ist, findet man bei letzterem zumeist nur *eine* achromatische schwache Linse von zumeist größerer Öffnung vor. In deren Brennpunkt entsteht nun das Miniaturbild des fernen Gegenstandes. Da man dieses wiederum in den Brennpunkt des als Lupe dienenden Okulars setzt, so ist die optische Tubuslänge demnach gleich Null. Die wirkliche Tubuslänge, d. h. die *Fernrohrlänge*, hingegen beträgt die Summe der beiden Brennweiten. Unter *Vergrößerung* versteht man hier die Zahl, wievielmal größer der Gesichtswinkel für einen *fernen* Gegenstand bei Verwendung eines Fernrohrs wird. Man kann sie durch einen einfachen Versuch rasch bestimmen. Man blicke etwa gegen ein Ziegeldach, wobei man vor das eine Auge das Fernrohr hält. Nun kann man leicht nachsehen, wieviele Ziegel mit bloßem Auge gesehen sich mit *einem* Ziegel im Fernrohr decken. Die Vergrößerung läßt sich aber auch berechnen. Man hat nur die Brennweiten von Objektiv und Okular durcheinander zu dividieren. Will man große Werte erreichen, so wird man die Brennweite des Objektivs und damit die Länge des Fernrohrs groß machen müssen; daher die gewaltigen Dimensionen der astronomischen Fernröhren, die das 200- und Mehrfache vergrößern.

Die Helligkeit der Bilder kann, wie auch beim Mikroskop, höchstens gleich der des betrachteten Gegenstandes werden. Sie ist es auch bei bester Konstruktion bei weitem nicht, da die Lichtreflexe an den Linsen große Verluste bedingen. Diese können indessen durch feine, transparente Schichten, die man auf die Glasoberflächen aufbringt, weitgehend beseitigt werden (Zeißsche T-Optik). Ob ein Fernrohr in bezug auf Helligkeit seine „normale" Leistung besitzt, läßt sich so beurteilen. Man blickt durch das Fernrohr, das man in einigem Abstand vor das Auge hält, nach einem hellen Hintergrunde. Jetzt erkennt man das durch das Okular erzeugte Abbild der

Objektivöffnung als kleinen *Lichtkreis.* Ist dieser gerade von der Größe der *Augenpupille,* so werden die Fernrohrstrahlen das Auge ganz mit Licht erfüllen können, und wir erhalten vollhelle Bilder. Würde aber die Objektivöffnung und damit der Lichtkreis kleiner sein, so füllen die Strahlen die Pupille nicht ganz aus, und die Helligkeit würde dementsprechend geringer. Ein zu großes Objektiv wird andererseits die Helligkeit nicht über die normale steigern, da sonst ein Teil der Strahlen aus dem Lichtkreis von der Augeniris abgeblendet würde. Immerhin ist ein Zuviel eher günstig, da dann das Auge auch bei Änderung der *Blickrichtung* noch volle Helligkeit erhält. Ferner kann ein solches Fernrohr auch bei Nacht- oder Abendbeleuchtung, wo die Pupillen größeren Durchmesser annehmen, noch mit voller Leistung arbeiten.

Mit der vorgeschriebenen Größe des Lichtkreises, oder, wie wir sagen wollen, der *Fernrohrpupille* zusammen hängt es auch, daß, je stärker die Vergrößerung, um so größer das Objektiv sein muß. Wir haben schon gesehen, daß die Fernrohrlänge mit der Vergrößerung wächst. Damit nimmt aber auch die Fernrohrpupille ab. Um diese stets auf derselben Höhe zu halten, muß also das Objektiv dann entsprechend weiter gewählt werden. Dies lohnt sich übrigens doppelt, da mit dem Objektivdurchmesser auch das *Auflösungsvermögen* des Instruments zunimmt. Sonderbar benimmt sich das Fernrohr bei Betrachtung von Gegenständen, deren *Bilder,* wie bei den Fixsternen, *punktförmig* erscheinen. Hier ist die Helligkeit im Fernrohr größer und nimmt mit steigender Objektivöffnung desselben zu. Wir fangen nämlich mittels des weiten Objektivs einen größeren Lichtstrom ein, als dies mit bloßer Pupille möglich wäre, und konzentrieren ihn auf einen Punkt bzw. ein *Empfindungselement* auf der Netzhaut. Es ist also so, wie wenn wir unsere Pupille auf die Größe des Objektivs erweitert hätten. So kommt es denn, daß wir im Fernrohr die Sterne selbst bei Tag gegen den in der Helligkeit unveränderten Himmel sehen können.

Will man das *himmlische* Fernrohr für *irdische* Verhältnisse brauchbar machen, dann sind einige Abänderungen anzubringen. Einmal will man alles aufrecht sehen, und dann soll der „*Feldstecher*“ oder das „*Fernglas*“ handlich sein. Beides erreicht man durch die zwei *Porroschen Prismen.* Man denke sich diese so gewonnen, daß man eine dicke quadratische Glasplatte diagonal durchsägt. Läßt man einen Lichtstrahl in ein solches Prisma derart zur Breitseite eintreten, daß er der Reihe nach an den beiden Quadratseiten reflektiert wird, so wird er in dieselbe Richtung wieder zurückgeworfen, wobei allerdings eine seitliche Verschiebung des Strahls eintritt. Man bringt nun je ein solches Prisma hinter dem Objektiv und vor dem Okular an. Das Licht geht dann vom Objektiv vorwärts zum Okularprisma, von diesem

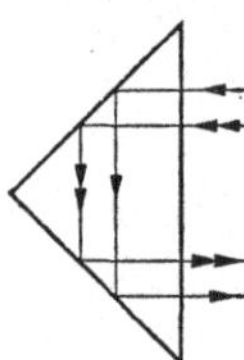

Abb. 36.
Porro-
Prisma.

zurück zum Objektivprisma, und dann wieder vorwärts zum Okular und ins Auge. Durch diesen Kunstgriff kann die Tubuslänge ungefähr *dreimal kürzer* als ohne Prismen gemacht werden, und last not least, durch die viermalige Reflexion in den Prismen wird auch eine *Bildumkehr*, d. h. aufrechtes Sehen, erzielt. Und wie ein Vorteil selten allein kommt, so auch hier. Verwendet man zwei Fernröhren für beidseitiges Sehen, so entsteht *erhöhte Plastik* infolge des Umstandes, daß die Objektive weiter auseinanderstehen als die Okulare.

Natürlich gibt es auch andere Fernrohrkonstruktionen. Wir nennen nur noch das vornehmlich als *Operngucker* verwendete *holländische Fernrohr* und das für astronomische Zwecke gebaute, besonders lichtstarke *Spiegelteleskop.* Zahllos sind auch die Verwendungsarten von Mikroskop und Fernrohr sowohl in Wissenschaft als Technik. Mit ihnen durchforscht der Mensch die Natur im Kleinen und im Großen, mit ihnen zwingt er sowohl das durch Entfernung als durch Kleinheit Unerreichbare in den Bannkreis seines Laboratoriums. Fast möchte er angesichts seiner Mikro- und Makroskope ausrufen: Was willst du in die Ferne schweifen, sieh das Ferne liegt so nah; selbst nach dem Kleinsten kannst du greifen, denn es liegt vergrößert da!

19. Farben.

Farben sind eine chemisch-technische Angelegenheit (Farbenindustrie), sie interessieren sowohl den Physiologen und Psychologen als den Künstler und Ästhetiker, sie spielen in der Strahlentherapie eine Rolle, sie bilden aber nicht minder auch ein physikalisches Thema. Allerdings müssen wir, um dies richtig abzugrenzen, uns des *dreifachen Sprachgebrauchs* bewußt werden: 1. als Bezeichnung für die Farbstoffe, 2. als Charakterisierung einer Lichtsorte (Spektralfarben) und 3. als Ausdruck einer Empfindung (Farbempfindung). Für den Physiker ist die Färbung eines Lichtstrahls gekennzeichnet, wenn er das Spektrum einer Lichtart festgestellt hat. Im allgemeinen ist die Farbqualität das Resultat einer komplizierten Mischung von Lichtwellen verschiedener Länge, die sich etwa zwischen den Grenzen von 0,4—0,8 μ ($^1/_{1000}$ mm) bewegt. Nur im Grenzfall der reinen Spektralfarben besteht ein Lichtstrahl aus einer einzigen Wellenlänge. Er ist einfarbig, monochromatisch, und die Farbe kann charakterisiert werden durch die betreffende Wellenlänge, unabhängig von der Farbempfindung. Sofern wir von den Spektralfarben absehen, kann aber dieselbe Farbe (jetzt immer im Sinne einer Empfindung gemeint) durch unendlich viele Kombinationen von Lichtstrahlen hergestellt werden. Eine Farbe ist also durch die physikalische Zusammensetzung zwar eindeutig bestimmt, aber nicht charakterisiert. Und doch besitzt sie, unabhängig von der Art ihrer Erregung, eine selbständige Existenz.

Es ist nun Sache der *Farbenlehre*, die Farbqualitäten zu definieren, unabhängig von ihrer physikalischen Analyse, und ihren Zusammenhang untereinander aufzuzeigen, insbesondere die Beziehungen und Übergänge von farbig und farblos anzugeben, also *Farbton* und *Sättigung*. Da wir es mit Empfindungsqualitäten zu tun haben, wird es allerdings notwendig sein, auf die psychologischen Vorgänge einzutreten. Die enge Beziehung mit den Farbempfindung erzeugenden Lichtwellen, sowie die Bedeutung der Farben für viele physikalische Meßmethoden machen es verständlich, warum der *Physiker* sich mit Eifer des Gebietes angenommen hat. Zudem ist die Erzeugung der Farben, d. h. von farbigem Licht (nicht von Farbstoffen), ganz Sache der Physik. Die Mannigfaltigkeit der Möglichkeiten mag hier durch eine kleine Zusammenstellung illustriert werden.

In erster Linie ist die Art der *Lichterzeugung* für die erzielte Farbe maßgebend. *Glühende Stoffe* senden je nach ihrer Temperatur verschieden gefärbtes Licht aus. Kerzenflammen (etwa 1000°) erscheinen rötlich, Glühlampen (etwa 2000°) gelblich und die Sonne (etwa 6000°) weiß. Leuchtende Entladungen (*Bogen-* und *Glimmentladungen*) zeigen je nach dem Gasinhalt sehr verschiedene Farben. So leuchten Quecksilberdampflampen fahlviolett, Reklameleuchtröhren rot bei Neon-Heliumfüllung, bläulich bei sogenannter Restgasfüllung (Luft, der Sauerstoff und Stickstoff entzogen ist). Sehr verschiedenes Licht erhält man durch *Phosphoreszenz*. Eine Reihe von Substanzen, die sogenannten Phosphore, zeigen nach der Bestrahlung mit Licht- oder Kathodenstrahlen dieses Nachleuchten.

Auch die *Lichtbrechung* liefert ein Mittel, um weißes, überhaupt zusammengesetztes Licht zu zerlegen, da jeder Lichtstrahl je nach seiner Wellenlänge eine andere Ablenkung erfährt. Die Auflösung von Weiß in seine Spektralfarben kann man an jedem Prisma, z. B. an einem Kronleuchter, beobachten. Durch Addition oder Wiedervereinigung lassen sich beliebige Teile des Spektrums wieder zu einem Strahl zusammenfassen. Man erhält so *Mischfarben*. Weiß erscheint als Mischfarbe des gesamten Spektrums. Faßt man das Spektrum in zwei beliebigen Teilen zusammen, so erhält man zwei Mischfarben, die zusammen Weiß ergeben. Irgend zwei solche Kombinationen nennt man *komplementär*.

Farben liefert weiter die *auswählende Absorption*. Läßt man z. B. weißes Licht auf einen roten Körper fallen, so verschluckt dieser außer dem Rot sämtliche Strahlen, reflektiert also nur die roten Strahlen. Der Gegenstand erscheint daher in der zur absorbierten komplementären Farbe. Diese selektive Absorption hängt von der chemischen und physikalischen Konstitution des Farbstoffes ab. Mischt man zwei

Farbstoffe, so werden beide bestimmte Lichtarten aus dem Weiß entfernen, und man erhält die *Subtraktionsfarbe*. Mischt also ein Maler auf seiner Palette Gelb und Blau, so erhält er nicht die Additionsfarbe Weiß, sondern die Subtraktionsfarbe Grün.

Auch durch *Interferenzvorgänge* kann weißes Licht in farbiges verwandelt werden. Hierbei benützt man die Erscheinung, daß zwei gleichfarbige Lichtstrahlen sich beim Zusammengeben sowohl unterstützen als gegenseitig auslöschen können. Richtet man es nun so ein, daß eine oder mehrere Spektralfarben aus dem Weiß durch Interferenz vernichtet werden, so bleibt eben eine entsprechende Restfarbe übrig. Wir alle kennen hierfür Beispiele aus dem täglichen Leben, so die Farben der Seifenblasen, ferner der Benzin- und Ölflecken, wie sie die Autos hinterlassen, und das Irisieren gewisser Edelsteine (Opale).

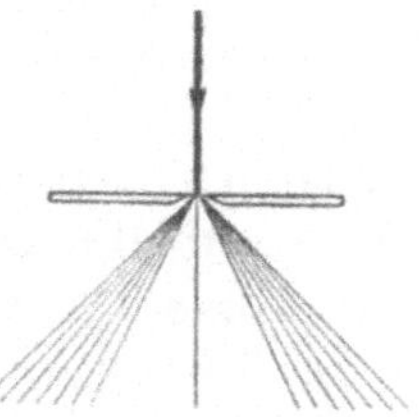

Abb. 37. Beugung.

Interferenzen entstehen aber auch bei der *Beugung* (Diffraktion) des *Lichts*, die man besonders schön an den sogenannten optischen Gittern beobachtet. Man denke sich ein Lichtbündel durch einen feinen Rechen zerschnitten, dann beugt sich ein Teil zur Seite und löst sich in Farben auf. Auch hier erhält man, wie bei der Brechung des Lichts, ein reines Spektrum. Wir alle tragen solche Gitter in unsern Wimpern mit uns herum. Wenn wir daher gegen eine möglichst punkt- oder auch fadenförmige Lichtquelle blinzeln, sehen wir prächtig die farbigen Beugungsbilder. Eine aus Dispersion und Diffraktion zusammengesetzte farbenprächtige Naturerscheinung ist der *Regenbogen*.

Damit nicht genug, können wir auch durch *Interferenz polarisierter Lichtstrahlen* Farben erzeugen. Zwei solche interferierende Strahlen erhält man in sehr einfacher Weise, indem man Licht auf einen geeigneten Kristall auffallen läßt. Das Licht spaltet sich dann in zwei polarisierte Strahlen (Doppelbrechung), die nun zu den buntesten Interferenzerscheinungen Anlaß geben können (Polarisationsmikroskop der Mineralogen).

Wollen wir nun von den *Lichtqualitäten* zu den *Farbqualitäten* übergehen, so müssen wir uns erst einmal fragen: Löst eine bestimmte Lichtsorte auch immer die gleiche Farbempfindung aus? Da finden wir, daß die Farbempfindung nicht nur von Mensch zu Mensch, sondern bei ein und demselben Menschen, je nach Umständen verschieden sein kann. Es ist ein Leichtes, es so einzurichten, daß man ein weißes, nur von weißem Licht beschienenes Papier in irgendeiner beliebigen Farbe erblicken kann! Diese merkwürdigen Erscheinungen sind allbekannt und schon von G o e t h e, der sich ja intensiv mit der *Farbenlehre* befaßt hat, beschrieben worden. Es sind die *Nachbilder* und das Phänomen der *farbigen Schatten.*

Man lese etwa ein Weilchen bei guter Beleuchtung in einer gelben oder, wem es sympathischer ist, in einer roten Zeitung, und ersetze sie rasch durch eine weiße, so wird diese in komplementärer Färbung erscheinen, die allerdings dann rasch verblaßt. Der Farbeindruck ist also von der Ermüdung des Auges für die einzelnen Farben abhängig. Der zweite G o e t h e sche Versuch, den er mit Kerze und Bleistift ausführte, kann verblüffend einfach nur mit einem Streichhölzchen gezeigt werden. Man zünde ein Streichholz an und halte es nahe über ein weißes Papier, das mäßig von Tageslicht beleuchtet sei. Der Schatten unter dem Streichholz erscheint deutlich bläulich, komplementär zur rötlichen Flamme, obschon das Papier von weißem Tageslicht getroffen wird. Gleichzeitig beobachtet man, daß nur vom Tageslicht herrührende Schatten völlig farblos sind. Fällt also auf eine weiße Fläche an einer Stelle z. B. rotes Licht, so sieht die Umgebung grün aus, eine Tatsache, die bei Farbzusammenstellungen eine eminente Rolle spielt. So kommt es, daß sich Komplementärfarben nebeneinander stets gut machen, da die eine die andere infolge des *Simultankontrastes* sozusagen herausfordert.

Man kann das durch ein höchst einfaches Experiment sehr schön zeigen. Man mache mit roter Tinte ein Quadrat von einigen Zentimetern Ausdehnung auf weißes Papier, lasse aber in der Mitte ein kleines Quadrat von etwa 1 cm² frei. Hält man das Papier nach Art der Diaphanien ans Fenster, so erscheint das kleine weiße Quadrat stark grün. Betrachtet man das Papier aber im auffallenden Licht, so ist das kleine Quadrat wieder weiß.

Manche Farben lassen sich überhaupt nur mit Hilfe eines Umfeldes erzielen. Das sind z. B. Braun, Olivgrün und Grau. Die diesen Farben eigene Schwärzlichkeit tritt nicht in unbeleuchteter, wohl aber in heller Umgebung hervor. Frappant ist folgender Versuch: Man halte in hellem Zimmer ein Stück braunes Packpapier ans Fenster. Nun blicke man durch eine Papprolle, die man auf das Papier aufsetzt. Man wird einen stark gelben Kreis sehen, während der übrige Teil des Papiers, den man gleichzeitig mit dem andern Auge betrachtet, braun erscheint. Überrascht wird man durch die viel größere Helligkeit des ausgesparten Feldes sein.

So reizvoll nun solche physiologischen Experimente auch sind, so schwierig muß es dem Physiker erscheinen, wenn er die Farbenempfindung für seine Messungen verwenden will. Immerhin kommen ihm gewisse Gesetzmäßigkeiten zu Hilfe. Es hat sich gezeigt, daß der Ton unverhüllter, d. h. nicht durch ein Umfeld beeinflußter Farben innerhalb weiter Helligkeitsgrenzen unverändert bleibt. Bei großer Intensität tritt allerdings *Blendung*, bei sehr kleiner das Purkinje-Phänomen, d. h. das *Dämmerungssehen* ein. An Stelle des farbentüchtigen Sehens mit den Zäpfchen der Netzhaut haben wir dann das fast farblose Sehen mit den Stäbchen. In der Nacht sind alle Katzen grau, sagt der Volksmund mit Recht, und ein Maler wird Nachtstücke nicht nur in dunklen, sondern auch in farblosen Tönen wiedergeben. Wichtig ist ferner die Beständigkeit der Farbempfindung. Verschiedene Individuen können beim gleichen Licht verschiedene Farben empfinden, aber die Empfindungsqualität bleibt für jeden einzelnen immer gleich.

Dies kann man so zeigen: Man mischt eine passende rote und grüne Farbe (z. B. Lithium- und Thalliumlicht) in solchem Verhältnis miteinander, daß gerade Gelb (Natriumlicht) als Mischfarbe herauskommt. Das *Rot-Grün-Verhältnis* ist nun eine *individuelle Konstante*, deren Messung übrigens praktische Bedeutung für die Bestimmung der Farbtüchtigkeit besitzt. Rotanomale, d. h. solche mit schwacher Rotempfindung, liefern eine abnorm hohe Konstante. Wichtig ist nun, daß im Prinzip alle solche Farbmessungen auf eine Feststellung von Farbengleichheit hinauslaufen. Naturgemäß fallen dann alle störenden Momente, wie Kontrast- und Ermüdungserscheinungen, fort. Durch diesen Umstand und die Möglichkeit der Farbenmischung sind wir nun in der Lage, „Farbe zu bekennen", d. h. den Zusammenhang zwischen der schier unerschöpflichen Mannigfaltigkeit von Farben, Tönungen und Lichtern aufzudecken und gesetzmäßig darzustellen. Das kann z. B. auf Grund der Heringschen, mehr physiologischen *Theorie der Gegenfarben*, die das Vorhandensein dreier Empfindungskomplexe, die Schwarz-Weiß-, die Gelb-Blau- und die Grün-Rot-Empfindung vorausgesetzt, geschehen. Wir wollen uns indessen der mehr *physikalischen*, von Helmholtz entwickelten *Theorie der Urfarben* zuwenden, wonach alle Farbwahrnehmungen auf die drei Grundempfindungen des Urrots, des Urgrüns und des Urblaus zurückzuführen sind, wobei es dahingestellt bleiben kann, ob man dementsprechend drei Zäpfchenarten oder Zäpfchen mit drei Qualitäten anzunehmen hat. Hierauf läßt sich nun ein Farbensystem aufbauen, das durch seine Einfachheit überrascht, indem es sich durch ein simples Dreieck darstellen läßt.

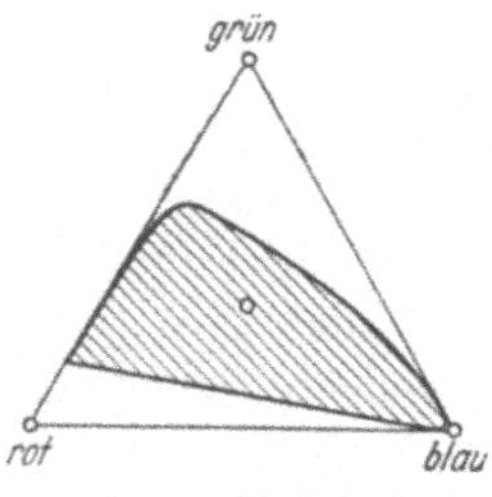

Abb. 38. Farbdreieck.

Die Geheimnisse dieses *Farbdreiecks* will ich gern verraten, wenn der Leser einen Bleistift zur Hand nehmen will. Wir skizzieren, so gut wir das von Hand können, über einer Grundlinie ein Dreieck mit drei gleichen Seiten und schreiben an die linke Ecke *r* (rot), an die rechte *b* (blau) und an die obere *g* (grün). Die Eckpunkte bedeuten also die Urfarben. Punkte auf der Grundlinie stellen nun Mischungen der Farbempfindungen *r* und *b* dar. Zum Beispiel ein Punkt in $^1/_{10}$ Abstand von *r* entspricht 90% rot und 10% blau usw. Analog gibt die linke Seite des Dreiecks Rot-Grün-Mischungen, die rechte die Blau-Grün-Mischungen an. Was bedeuten nun die Punkte im

104

Innern des Dreiecks? Wir nehmen einen wilkürlichen Punkt
(*P*) auf der *r b*-Seite, vielleicht gerade den mit 90% rot, und
ziehen von diesem aus eine Gerade nach *g*. Dann bedeutet der
Anfangspunkt 0% grün und der Endpunkt 100% grün. Auf
dieser Geraden steigt also der Grüngehalt genau so von 0—100
wie auf den Seiten *r—g* und *b—g*. Die Stellen gleichen Grün-
gehalts auf den 3 Linien erhält man nun durch Gerade, die
man parallel zu *r—b* zieht. Denn solche teilen alle Linien stets
im gleichen Verhältnis. Zum Beispiel halbiert eine horizontale
gerade Linie in halber Höhe sowohl *r—g*, als *P—g*, als *b—g*.
Die Linie *P—g* stellt also Punkte dar mit konstantem Verhältnis *r : b* und mit nach oben wachsendem Grüngehalt. Den
Grüngehalt irgendeines Punktes dieser Linie findet man in
Prozenten so, daß man durch ihn eine Parallele zu *r—b* zieht
und den Gehalt an der Seite *r—g* abliest. Indem man durch
denselben Punkt auch die Parallelen zu den zwei anderen Drei-
eckseiten zieht, findet man den entsprechenden Rot- und Blau-
gehalt. Somit entspricht jeder Punkt im Innern des Dreiecks
einer bestimmten Mischung der 3 Grundempfindungen, die
durch 3 Farbkoordinaten angegeben werden kann. Die Farb-
koordinaten des Mittelpunktes sind $33^{1}/_{3}\, r$, $33^{1}/_{3}\, b$ und $33^{1}/_{3}\, g$.
Dieser gleichmäßigen Mischung entspricht die Weißempfin-
dung. Wir haben dabei allerdings angenommen, daß die Urempfindungen alle in gleicher Stärke vorhanden seien, was
nicht zutrifft. Grün übertrifft nämlich Rot und dieses wieder
Blau. Aber dieser Umstand braucht nicht zu genieren, da ihm
gesondert von unserer Dreieckdarstellung Rechnung getragen
werden kann. Wir haben jedenfalls die ganze *Farbenmannig-
faltigkeit in ein Dreieck eingeschlossen*, und da eine Fläche
zweidimensional ist, so haben wir eine zweifach unendliche
Mannigfaltigkeit vor uns.

In welchem Verhältnis stehen nun 2 Farben bzw. 2 Punkte
der Fläche zueinander? Man kann leicht zeigen, daß die
Mischung einen Punkt auf der Verbindungsgeraden ergeben
muß, und daß dieser, je nach dem Mengenverhältnis bei der
Mischung, bald näher am einen, bald am anderen Endpunkt
liegt. Liegen 2 Punkte also so, daß ihre Verbindungsgerade
durch den Weißpunkt hindurchgeht, so sind die betreffenden

Farben komplementär zueinander, d. h. in passendem Verhältnis gemischt, müssen sie unweigerlich Weiß ergeben. Wo liegen jetzt die *Spektralfarben*? Da jeder Farbe ein Punkt im Dreieck entsprechen muß, so wird sich die Spektralreihe durch eine Kurve darstellen. Vielleicht zeichnen wir unser Farbdreieck nochmals (bitte nicht zu klein!). Um die Spektralkurve zu ziehen, setzen wir den Bleistift auf der Seite $r—g$ nahe bei r (etwa 90% r) an, fahren auf dieser Seite gegen g hinauf, weichen aber langsam und nur wenig nach rechts ab, biegen ferner, bevor wir noch die halbe Dreieckhöhe erreicht haben, stark nach rechts um und gehen in fast gestreckter Linie nach b hinunter. Besser noch, wir erreichen die $b—g$-Seite ganz nahe bei b und runden die Dreieckecke ab, um ganz nahe an b auf der $r—b$-Seite zu landen. Anfang und Ende dieser Kurve verbinden wir noch durch eine Gerade, so daß diese mit der *Spektralkurve* zusammen eine geschlossene Fläche im Dreieck abgrenzt. Diese Fläche enthält nun sämtliche Farben, die wir überhaupt sehen können. Die andern Punkte des Dreiecks werden niemals wahrgenommen. Dies kommt daher, weil alles Licht aus Spektralfarben zusammengesetzt ist, also Mischungen derselben darstellt. Nun verlaufen aber die Verbindungsgeraden irgend zweier Spektralpunkte immer im Innern der *Spektralfläche*, nie außerhalb. Daraus folgt, daß wir keine reine Rot-, Grün- oder Blau-Empfindung haben können! Wir kennen nur gemischte Empfindungen, was nicht hindert, daß alle Farben einen einheitlichen Eindruck hervorrufen. Am reinsten können wir noch das Urblau empfinden, am weitesten sind wir vom Urgrün entfernt. Ob wohl gewisse ästhetische Momente diesem Umstand zuzuschreiben sind? Werden etwa Farben mit einseitiger Reizung unangenehm oder aufreizend empfunden — ich erinnere an das bekannte rote Tuch — und wirken solche mit gleichmäßiger Verteilung angenehm und beruhigend, entsprechend dem Sang des Dichters: „Ich hab' das Grün so gern"? Reizvoll wäre natürlich die Frage, ob nicht doch die Möglichkeit besteht, Farben außerhalb der Spektralfläche, aber natürlich noch innerhalb des Farbdreiecks, wahrnehmbar zu machen. Sicher ist es denkbar, daß mit besonderen

Strahlenarten oder gewissen Reizen neue Farben, z. B. dem Urgrün näher liegende, erzeugt werden könnten. Wir wollen uns indessen nicht auf solche hoffnungsgrüne Spekulationen einlassen, vielmehr noch etwas aus dem Bekannten schöpfen.

Da ist vor allem die Beziehung zwischen *farbig* und *farblos* oder weiß. Jede Verbindungslinie gibt denselben *Farbton*, auf ihr ändert sich nur der Grad der Weißbeimischung, also die *Sättigung* der Farbe. Es gibt unendlich viele Geraden, die man von Weiß aus ziehen kann, also eine unendliche Mannigfaltigkeit von Farbtönen und auf jeder solchen Linie eine unendliche Mannigfaltigkeit von Sättigungsgraden. Gesättigt sind nur die Spektralfarben und die Mischfarben auf jener Geraden, die Anfang und Ende des Spektrums verbindet. Diese liefert die unerschöpfliche Menge der *Purpurfarben*. Weiß kann durch 2 Spektralfarben allein hergestellt werden. Man muß nur irgend 2 Spektralpunkte wählen, deren Verbindungslinie durch Weiß hindurchgeht. Es gibt allerdings auch Spektralpunkte, deren Komplementärfarbe auf der Purpurlinie liegt. In diesem Fall kann Weiß nur mit Hilfe von mindestens 3 Spektralfarben gemischt werden. Weiß kann aber, wie leicht einzusehen, auch aus beliebig vielen Spektralfarben hergestellt werden. Je nachdem man 2, 3, 4 oder mehr Mischfarben verwendet, kann man von einem „*Zwei-*, *Drei-* oder *Vierklang*" usw. sprechen. Auf diese mehr ästhetische Seite der Farbenharmonie, die häufig, aber zu Unrecht, mit der musikalischen Harmonie in Parallele gesetzt worden ist, kann an dieser Stelle nicht eingetreten werden. Ich erinnere nur daran, daß man die 7 Farbtöne des Spektrums (die ja in Wirklichkeit unendlich viele sind) mit einer Oktave verglichen hat. Man kann allerdings mit Recht von einer chromatischen, d. h. Farbensinfonie reden, solange man dies nicht mit der Chromatik einer Musiksinfonie verwechselt.

Die Lehre vom Farbendreieck hat vielseitige Bestätigung und Anwendung gefunden. Insbesondere erklärt sie die *Farbenblindheit* in einfacher Weise durch das Fehlen einer oder mehrerer Urempfindungen. Besonders häufig (und fast nur bei Männern) ist die Rotblindheit (Fehlen der Rotempfindung), sehr selten die Blaublindheit. Eine weitere, fast unmittelbare Anwendung hat die Dreifarbentheorie im *Drei-farbendruck* gefunden, ein Verfahren, das schon im 17. Jahrhundert von einem Kupferstecher entdeckt worden ist. Nicht vergessen wollen wir auch die ebenfalls 3 Farbpigmente verwendende *Autochrom-Photographie*. Die Theorie ermöglicht es ferner, in einfacher und sicherer Weise Farbqualitäten zu bestimmen. Welche Bedeutung dem zukommt, kann man daraus ersehen, daß eine Reihe physikalischer Zustände durch Farben charakterisiert sind. Wir wollen abschließend dies durch ein besonders wichtiges Beispiel belegen. Es ist der Zusammenhang zwischen *Farbe* und *Temperatur*. Viele Stoffe, wie Kohle, Platin und Wolfram, leuchten, auf gleiche Temperatur erhitzt, mit gleicher Farbe; andererseits entspricht nach den Gesetzen der Wärmestrahlung jeder Farbe eine bestimmte Temperatur. Der Zusammenhang läßt sich daher ein für allemal festlegen, eventuell durch eine Kurve im Farbdreieck wiedergeben. So kommt es, daß eine einfache Farbmessung uns anstandslos nicht nur die Temperaturen unserer gebräuchlichen Lichtquellen, sondern auch die der fernsten Sterne liefert.

20. Pol, Polarität, Polarisation.

Wir wollen heute eine kleine Wanderung von Pol zu Pol unternehmen, nicht geographisch, sondern physikalisch. Unter *Polen* versteht man ganz allgemein Punkte oder Orte, die sich durch irgend etwas auszeichnen und zumeist in einem gegensätzlichen Verhältnis zueinander stehen. Dabei kann diese Gegensätzlichkeit bald in der Lage, bald in der Qualität begründet sein. In letzterem Falle spricht man von *Polarität*. Den erstgenannten Fall repräsentieren die Pole unserer Erde, die dadurch ausgezeichnet sind, daß sie an der Rotation der Erde nicht teilnehmen. An diese Bedeutung der Bezeichnung „Pol" hat wohl auch der Dichter gedacht, wenn er vom einzig ruhenden Pol in der Erscheinungen Flucht spricht. Die Erdpole zeigen im übrigen nichts Polares, sofern man davon absieht, daß sie mehr oder weniger auch die magnetischen Pole unserer Erde darstellen. Wenn man von Polareis, -licht, -stern, -zonen, -füchsen redet, so soll das nur den Polen zugehörige Dinge, aber keine Polaritäten bezeichnen.

Polarisation im Sinne einer räumlichen Gegensätzlichkeit oder Orientierung finden wir in der Optik vor, überhaupt bei allen transversal verlaufenden Wellenvorgängen. Hier ist dies sogar das Reguläre. Lassen wir z. B. ein Seil schwingen, so wird man in einem gegebenen Moment immer eine bestimmte Schwingungsebene angeben können. Beim *„natürlichen“ Licht* aber haben wir gleichzeitig viele Querschwingungen mit allen möglichen Orientierungen. Alle Schwingungsebenen sind gleich vertreten, und wir beobachten keinerlei Seitlichkeit oder Polarisation. Erst wenn wir durch irgendeine Vorrichtung alle Schwingungen in eine bestimmte Ebene einstellen oder von den vorhandenen Schwingungen alle bis auf die in dieser Ebene beseitigen könnten, erhielten wir *linear polarisiertes Licht.* Solche einfache Verfahren besitzen wir nun. Das einfachste besteht darin, daß wir natürliches Licht an einer Glasscheibe unter etwa 56—57° reflektieren lassen. Dann werden nur Strahlen zurückgeworfen, die quer zur Reflexionsebene schwingen. Alle anderen werden beseitigt. Ähnliches vollbringt ein Kalkspatkristall. Dieser spaltet den natürlichen Strahl in 2 Teile und richtet die Schwingungen beider in bestimmten Ebenen derart aus, daß zwei senkrecht zueinander schwingende, linear polarisierte Strahlen entstehen. Will man dann nur den einen haben, so wird man den andern, wie etwa im Nicolschen *Prisma*, zur Seite ablenken. Zwischen natürlichem und linear polarisiertem Licht gibt es alle möglichen Zwischendinge, die man unter der Bezeichnung *„teilweise polarisiertes Licht“* zusammenfaßt. Solches Licht ist gar nicht so selten, wie man glauben möchte. Bei allen Reflexionen und bei der Lichtzerstreuung an kleinen Partikeln (z. B. an Nebelteilchen) tritt Polarisation auf. Die Bilder, die wir im Wasser oder in einer Fensterscheibe betrachten, sind alle polarisiert. Auch jene eigentümliche Änderung in der Farbenzusammensetzung, die man etwa bei der Spiegelung des wolkigen Abendhimmels in einem stillen Gewässer wahrnehmen kann, ist darauf zurückzuführen. Sogar das Himmelsblau ist polarisiert.

Sind *zwei* linear polarisierte Strahlen vorhanden, die gekreuzt zueinander schwingen, so setzen sie sich allgemein zu *elliptisch polarisiertem Licht* zusammen. Unter passenden Bedingungen erhält man sogar Kreisschwingungen. In diesem Fall erfolgen die Schwingungen nicht mehr senkrecht zur Strahlenrichtung, sondern sie stellen Kreisungen um diese herum dar. Solches Licht nennt man *zirkular polarisiert*, wenn schon bei diesem eine Seitlichkeit ebensowenig wie bei natürlichem Licht vorhanden ist.

Wir können etwa noch fragen, wie würde eine Momentphoto der verschiedenen Strahlensorten aussehen. Da hat man zu bedenken, daß man es nicht mit einem einzigen Strahl,

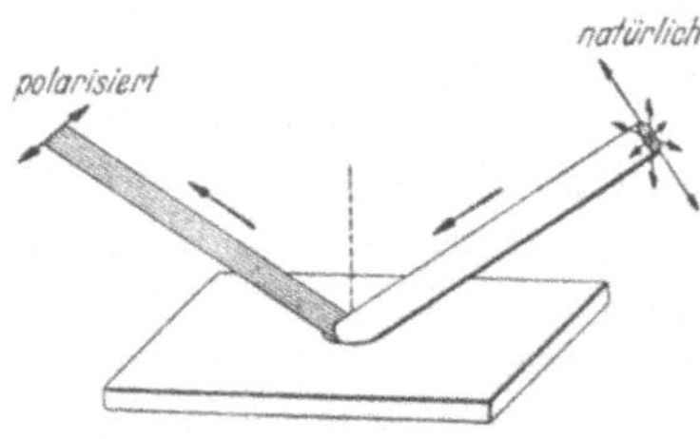

Abb. 39. Polarisiertes Licht.

sondern mit vielen gleichzeitigen zu tun hat, die nun ihre Knoten und Bäuche an ganz beliebigen Stellen haben, d. h. phasenungleich sind. Drastisch gesprochen, ließe sich natürliches Licht etwa durch einen runden gefüllten Schlauch, teilweise polarisiertes aber durch einen solchen, der mehr oder weniger platt gedrückt ist, darstellen. Zirkular polarisiertes Licht erschiene als ein leerer Schlauch und würde so gewissermaßen natürliches Licht vortäuschen. Je nachdem man nun den leeren Schlauch teilweise oder vollständig platt drückte, erhielte man eine Vorstellung von elliptisch oder linear polarisiertem Licht.

Fragen wir nun nach richtigen *Polaritäten,* so finden wir deren zwei: *magnetische* und *elektrische.* Allbekannt sind die „*Magnetpole*". Will man mit einem Hufeisenmagnet Eisenstückchen, z. B. Nägel und Nadeln, anziehen, so wird man dies nur mit den Enden tun können. Nach der Mitte zu ist jeder gewöhnliche Magnet unmagnetisch. Man spricht daher von Polen und meint damit die Enden, soweit sie magnetische Anziehung aufweisen. Jeder Magnet besitzt aber nicht nur Pole, sondern auch Polaritäten. Wir sehen dies daran, daß die Enden zweier Magnete sich anziehen oder abstoßen können, je nachdem sie ungleichnamig oder gleichnamig sind. Man unterscheidet dementsprechend Nord- und Süd- bzw. Plus- und Minuspole. Diese polaren Unterschiede lassen sich sehr auffällig mit zwei kurzen Magnetchen aus dem außerordentlich stark magnetischen Material Koerzit zeigen. Man lege das eine auf den Tisch und halte über seinen einen Pol den gleichnamigen des 2. Magneten. Dann wird dieser, mit dem andern Ende auf dem Tisch aufliegend, schräg über dem 1. Magneten schweben. Daß die Pole nichts Greifbares sein können, zeigt folgender Versuch. Man schicke durch irgendeine Drahtspule einen elektrischen Strom, und schon verhält sich die Spule gerade wie ein Stabmagnet. Die *Pole* befinden sich *im leeren Innenraum* der Spule! Füllt man diese mit Eisen aus, so wird die magnetische Wirkung um das Mehrtausendfache verstärkt. Man erhält einen richtigen Elektromagneten, dessen Pole sich sogar durch Ansetzen von Eisenstückchen, durch sogenannte „*Polschuhe*", beliebig gestalten lassen. Die im Eisen induzierten Pole sind aber etwas Vorübergehendes. Denn schaltet man den Strom aus, so verschwinden sie urplötzlich. Man wird daher auch kein Glück haben, wenn man die Pole eines gewöhnlichen Magneten dadurch zu isolieren versuchte, daß man ihn zerstückelt. Was man fände, wären höchstens „*Elementarmagnete*", die sich letzten Endes als Miniaturkreisströme entpuppen. Den kleinsten elektromagnetischen Kreis stellt das Wasserstoffatom dar. Hier umkreist ein negatives Elektron einen positiven „Kern", das Proton. Die magnetische Wirkung einer solchen kreisenden Ladung entspricht völlig der eines „*magnetischen Blattes*", d. h. eines kleinen Eisenblechstückes, das auf der einen Seite mit Nord- und auf der andern mit gleich viel Südmagnetismus „belegt" ist. Diese kleinsten Magnete, die man wie die großen als *Zwei-* oder *Dipole* aufzufassen hat, nennt man *Magnetonen*. Im übrigen sind die beiden Polaritäten einfach der Ausdruck dafür, daß jedes Ding zwei Seiten hat. Von der einen Seite betrachtet, kreist das Elektron nämlich rechts, von der andern betrachtet, links herum. Wir verstehen jetzt, warum wir weder Pole isolieren noch die Polaritäten voneinander trennen können.

Etwas reeller sind nun die *elektrischen Pole*. Diese sind uns handgreiflich nahe bei allen Maschinen, die elektrischen Strom liefern, so bei Elektrisier- und Dynamomaschinen, ferner bei den galvanischen Elementen. Wir wissen, daß die braune Platte des Akkumulators oder der Kohlezylinder des Leclanché-Elementes zum Pluspol führt. Dabei bedeuten Pole ganz einfach Stellen, wo sich freie Plus- und Minuselektrizität vorfindet und abgenommen werden kann. Die Pole entstehen im Falle der galvanischen Elemente dadurch, daß man zwei verschiedene Elektroden in eine Flüssigkeit eintaucht. Die beiden Stoffe haben ungleiche chemische Wirksamkeit, und dadurch entsteht ein polarer Unterschied. Aber auch bei Verwendung zweier gleicher Elektroden kann

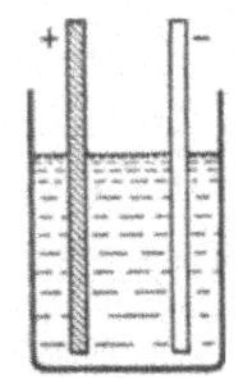
Abb. 40.
Galvanisches
Element.

ein galvanisches Element entstehen. Man braucht nur einen elektrischen Strom eine Weile durch die „Zelle" hindurch zu schicken. Dann entstehen chemische Verschiedenheiten an den Elektroden und damit Pole. Diese Art von Polbildung nennt man *galvanische Polarisation*. Ein Beispiel dafür bildet der Akkumulator, der durch Polarisation fortwährend wieder neu regeneriert werden kann.

Die elektrischen Polaritäten entstehen ganz allgemein infolge der *Fortbewegung von Elektronen*, die an einzelnen Stellen angehäuft, aus anderen wieder vertrieben werden. Die ersteren erscheinen uns dann negativ reich und damit eben negativ, die letzteren negativ arm und damit positiv zu sein. Wir denken uns also auch heute noch die Elektrizität als ein „Fluidum". Nur sind wir von der Zweizahl zur Einzahl übergegangen. Hieran ändert auch nichts die Kenntnis von der Existenz des positiven Elektrons, des *Positrons*. Denn dieses tritt nur spärlich und nur unter ganz besonderen Verhältnissen in Erscheinung. Gewöhnlich treffen wir die positive Ladung in Form der Protonen an Materie gebunden an. Diese sind aber infolge ihrer großen Maße und starken Verankerung so stark ortsgebunden, daß sie an der Stromleitung nicht teilnehmen.

Die beiden Elektrizitäten kann man nun beliebig einzeln anhäufen und transportieren. Es gibt aber auch Fälle, wo sie sich wie der Magnetismus verhalten. Wir können nämlich Polaritäten erzeugen ohne Elektronentransport! Jede Leidener Flasche ist ein Beispiel dafür. Denn ein Isolator, hier das Glas, wird elektrisch, sobald es elektrischen Kräften ausgesetzt ist. Es genügt nämlich, daß die Elektrizitäten sich in den einzelnen Molekülen verschieben, wobei diese nach Art der Elementarmagnete ausgerichtet werden. Diese „*dielektrische Polarisation*" entspricht bei Molekülen, die zum vornherein *elektrische Di-* oder *Bipole* darstellen, ganz der magnetischen. Es gibt nämlich Moleküle, die den Schwerpunkt ihrer positiven und negativen Ladungen an getrennten Punkten besitzen, also ein elektrisches Moment aufweisen. Ja, manche zeigen sogar vier solche Stellen, d. h. *Quadrupole.*

Zum Schluß wollen wir noch auf jene Körper hinweisen, die schon von Haus aus dielektrisch polarisiert sind. Es sind das die Kristalle, deren an und für sich geordneter Aufbau *(Gitterstruktur)* manchmal eine polare Anordnung der Molekülbestandteile zeigt. Diese *natürliche Polarisation* bildet den Grund für zwei merkwürdige Erscheinungen: die *Piezo-* oder *Druckelektrizität* und die *Pyro-* oder *Hitzeelektrizität.* Drückt man beispielsweise ein Quarzplättchen zusammen, so entsteht an den Seiten freie elektrische Ladung. Erwärmt man einen Turmalinkristall, so werden seine Enden ebenfalls elektrisch. Beide Erscheinungen haben ihre Ursache in der Verschiebung der Kristallgitterbausteine, d. h. eben in einer Änderung des natürlichen Polarisationszustandes.

Damit ist unsere Reise von Pol zu Pol zu Ende. Man wird vielleicht finden, daß sie zwar etwas strapaziös, aber doch nicht ohne Abwechslung war. Man erinnere sich nur an die drei Arten von Polarisationen. Was wir immerhin nicht angetroffen haben, sind Monopole, die es glücklicherweise in der Physik nicht gibt. Dafür konnten wir zu jenen Urpolen vordringen, den Protonen und Elektronen, die ja für den Aufbau der Welt von wesentlicher Bedeutung sind.

21. Gleich- und Wechselstrom.

Daß damit elektrische Ströme gemeint sind, wird man ohne weiteres annehmen, obgleich die Bezeichnungen sich auch auf strömenden Dampf beziehen können. Ich erinnere an die Gleichstromdampfmaschine. *Gleichstrom* entsteht z. B., wenn man an einem Draht eine elektrische Spannungs- oder Potentialdifferenz anbringt, ihn etwa mit den Polen eines galvanischen Elementes verbindet. Was strömt, sind die Elektronen im Metall, die darin stets in großer Menge frei vorhanden sind. Man muß sich diese Elektronen etwa wie außerordentlich feine Gasmoleküle vorstellen, die zwischen den Atomen mit großer Geschwindigkeit hin- und herschwirren, aber eben durch Anbringen einer elektrischen Spannung alle nach einer Seite getrieben werden. Eine brauchbare Theorie der *Elektronenleitung* in *Metallen* ist erst in jüngerer Zeit entwickelt worden, nachdem man erkannt hatte, daß die gewöhnlichen Gasgesetze für das Elektronengas der

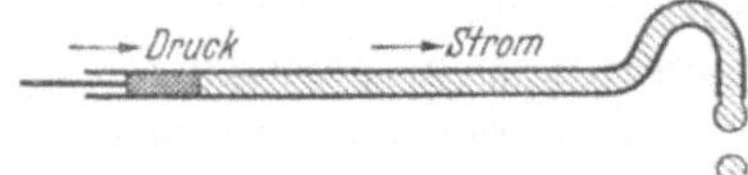

Abb. 41. Ohmsches Gesetz.

Metalle nicht gelten können. Da die Elektronen so außerordentlich leicht sind, verhält sich ein solches Gas trotz großer Teilchenzahl wie ein gewöhnliches Gas in sehr verdünntem Zustande. Ein solches ist aber, da dann die Gesetze der Quantentheorie anzuwenden sind, wie man sagt, „entartet". Viel einfacher sind die makroskopischen Gesetze der Stromleitung. Hier gilt das O h m *sche Gesetz*, dessen exakte Gültigkeit bis zu höchster Präzision experimentell erwiesen ist. Nach ihm sind elektrische Spannung und Strom einander proportional. D. h. der Quotient aus *Spannung* und *Strom* ist eine Konstante für den betreffenden Leiter und heißt *Widerstand*. Dieser ist ein Maß für die Reibung, welche die Elektronen bei ihrer Wanderung vorfinden, eine Reibung, die sich ja in der Erwärmung des Leiters beim Stromdurchgang kundgibt. Bemerkenswert ist es, daß diese Reibung abnimmt, wenn man einen Leiter abkühlt. Ja, manche Metalle geben ihren Widerstand bei tiefen Temperaturen (einige Grade über dem abso-

luten Nullpunkt der Temperatur) sogar ganz auf, sie werden
„supraleitend", und die Elektrizität, einmal in Bewegung versetzt, verfolgt ohne weiteren Antrieb ihre Kreisung für unbe-
grenzte Zeiten, analog wie es etwa die Erde relativ zur Sonne tut.

Gleichströme fließen immer nur in geschlossenen Kreisen.
Damit sie aber kreisen, müssen gewöhnlich Elektronen-
pumpen, d. h. *Stromquellen*, eingeschaltet sein. Man denke
sich etwa eine Reihe kleiner Kugeln auf rauher (reibender)
spiraliger Bahn gleichförmig herunterrollen und von unten
durch einen Motor eine nach der anderen wieder ans obere
Bahnende hinaufbefördert, so hätte man ein rohes Bild des
Vorganges. Für einen solchen Kreis heißt das O h m sche
Gesetz: *Elektromotorische Kraft* der Stromquelle dividiert
durch den erzeugten Strom ist gleich dem Widerstand des
ganzen Kreises.

Will man nun *Wechselstrom* erzeugen, so hat man nur die
Stromquelle in rhythmischer Folge umzupolen. Dann werden
die Elektronen periodisch bald in der einen, bald in der
anderen Richtung bewegt. Noch einfacher läßt sich dies ohne
Stromquelle mit Hilfe der Erscheinung der *elektromagnetische Induktion* erreichen. Man denke sich einmal wirklich
einen Metalldraht zu einem Kreise gebogen und geschlossen.
Man kann nun durch die Einwirkung periodisch wechselnder magnetischer Kräfte in irgendeinem Teil des Kreises die
Elektronen hin und her treiben. Dadurch entsteht dann infolge des stets gleichzeitig vorhandenen Ausgleichs im übrigen Teil des Kreises auch dort ein Strömen der Elektronen.
D. h. wir haben im induzierten Teil eine wechselnde elektromotorische Kraft (abgekürzt: EMK.), die den Wechselstrom im Kreis erzeugt. Man kann es auch so einrichten, daß
die EMK. sich in gleichmäßiger Weise über den ganzen
Kreis erstreckt. Wir haben dann den interessanten Fall vor
uns, daß nirgends auf einem Stromkreis eine Potentialdifferenz, wohl aber eine EMK. vorhanden ist.

Der gewöhnliche, d. h. im großen durch Induktion hergestellte Wechselstrom hat schön wellenförmigen (*sinus-
förmigen*) Verlauf. Die Zahl der in der Sekunde ablaufenden
Perioden nennt man die *Periodenzahl* oder *Frequenz*. Für

den Lichtstrom ist fast allgemein die Frequenz 5o üblich, da
bei kleinerer Periodenzahl die Glühlampen flackern würden.
Man bedenke, daß der Strom ja in jeder Periode zweimal
auslöscht! Für die Traktion hat sich jedoch die kleinere
Frequenz 5o/3 als günstiger herausgestellt.

So ein Wechselstrom verhält sich nun in mancher Hinsicht ganz anders wie ein Gleichstrom. Legt man Gleich-
spannung an einen *Kondensator* an, so fließt zwar ein
momentaner Ladestrom hinein, dann aber hört jedes Strömen auf. Der Kondensator ist eben ein Nichtleiter. Anders
bei Wechselspannung. Hier fließt infolge der wechselnden
Umladungen des Kondensators ein dauernder Wechselstrom
in den Zuleitungen. Dieser ist naturgemäß um
so stärker, je größer das Fassungsvermögen des
Kondensators ist und je öfters die Umladung
erfolgt, d. h. je höher die Frequenz. Umgekehrt
verhält sich wiederum eine *Stromspule,* die
Wechselstrom weniger gut hindurchläßt als
Gleichstrom, indem sie ihn infolge ihrer „*Selbst-
induktion*" abzudrosseln sucht (*Drosselspule!*).
Diese Wirkung ist wiederum um so ausgepräg-
ter, je höher die Frequenz.

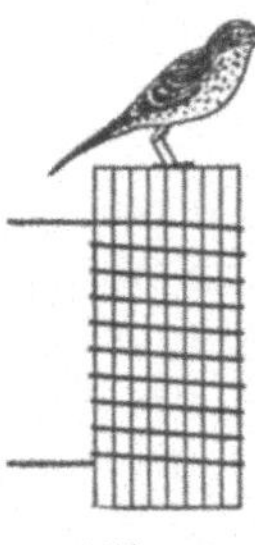

Abb. 42.
Drossel.

Was ist nun aber der Vorteil des Wechsel-
stroms gegenüber dem Gleichstrom? Einmal ist es die größere
Einfachheit der *Generatoren.* Schon äußerlich sieht man das
am Fortfall der etwas heikeln „*Kollektoren*", die durch einfache *Schleifringe* ersetzt sind. Der Hauptvorzug besteht aber
darin, daß sich Wechselstrom mittels einfacher *Transformatoren* auf beliebige Spannungen hinauf- und hinunter-
transformieren läßt. Dies spielt für die notwendige Fern-
leitung der elektrischen Energie eine ausschlaggebende Rolle,
indem sich zum Transport nur sehr hochgespannte Ströme
eignen. Eminente Vorteile bietet der Wechselstrom ferner
als „Kraftstrom", besonders in Form des *Drehstroms.* Man
kann nämlich mehrere Wechselströme in passender Weise
zusammenwirken lassen. Am meisten benützt ist der ver-
kettete Dreiphasenstrom, der aus 3 Wechselströmen besteht,
die in ihrem zeitlichen Verlauf um je eine Drittelsperiode

gegeneinander verschoben sind. Für gewisse Zwecke ist Wechselstrom sogar unumgänglich notwendig, wie bei der Erzeugung der Radiowellen. Hierzu verwendet man im speziellen *Hochfrequenzwechselströme*. Das sind Ströme, deren Periodenzahl in die Hunderttausende und Millionen geht. Diese werden nicht in rotierenden Generatoren, sondern in sogenannten *elektrischen Schwingungskreisen* erzeugt, die im einzelnen auf die verschiedensten Weisen „angeregt" bzw. betrieben werden können. Man kennt *Funken-, Lichtbogen-* und *Elektronenröhrengeneratoren*. Hochfrequenzströme besitzen die wichtige Eigenschaft, ganz harmlos zu sein, während Niederfrequenzströme schon bei relativ kleinen Spannungen (100—200 V) sehr gefährlich werden können. Diesem Umstande verdanken die Hochfrequenzströme ihre geschätzte Anwendbarkeit in der Medizin (Beispiel: Diathermie- und Kurzwellenbehandlung).

Trotz der vielseitigen Anwendung und der Vorzüge des Wechselstroms können doch Gleichströme für viele Zwecke nicht entbehrt werden, so gerade im Radio, dann in der Elektrochemie, z. B. zur Galvanoplastik, ferner zum Betrieb von Röntgenröhren. Aber auch diese Gebiete hat sich der Wechselstrom zu erobern gewußt, nicht, indem er den Gleichstrom verdrängte, sondern dadurch, daß er sich gleichrichten ließ. Diese *Gleichrichtung* läßt sich heute in so einfacher und vollkommener Weise ausführen, daß der Wechselstrom in der Elektrizitätswirtschaft fast die Alleinherrschaft ausübt. Fast möchte man sagen, der Gleichstrom fristet nur noch eine Art Spezialdasein, nämlich als Wechselstrom von der Frequenz Null.

Immerhin wollen wir nicht verschweigen, daß mit der Ausbildung der *Stromrichter* auch die Chancen des Gleichstroms wieder größer geworden sind. Besitzen wir doch heute neben den *Gleichrichtern* auch leistungsfähige *Wechselrichter*, d. h. Apparate zur Verwandlung von Gleich- in Wechselstrom.

22. Kleine Ursache, große Wirkung.

Wer kennt nicht die zündende Wirkung des Funkens, sei es in der Zündkerze des Kraftfahrzeugs, sei es in dem berühmten Zusammenhang mit dem Pulverfaß. Schon das kleinste Fünkchen, wie es beim Ausströmen von Preßgas oder Benzin entstehen kann, ist imstande, die gewaltigste Explosion auszulösen. Auch der Riesenfunke selbst, den wir unter der Bezeichnung Blitz kennen, ist eine prächtige Illustration zu: kleine Ursache, große Wirkung. Hier sind es die paar elektrisierten Luftteilchen, die sogenannten Ionen, die infolge von Spuren radioaktiver Stoffe immer vorhanden

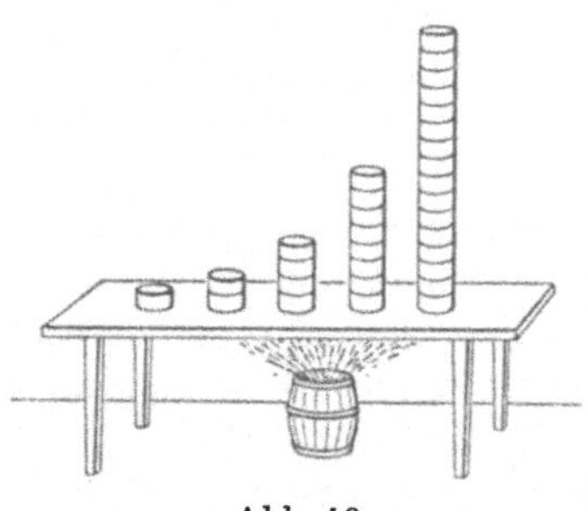

Abb. 43.
Multiplikatives Verfahren.

sind, die sozusagen den Keim jedes Blitzes bilden. Zumeist ist es die Kontrastwirkung zwischen der geringfügigen, häufig verborgen bleibenden Ursache und der Riesenhaftigkeit der Wirkung, die uns in Erstaunen versetzt. Doch ist es meist mehr Verwunderung als Bewunderung. Anders ist es schon bei Fällen, wo dank des schöpferischen Menschengeistes ein namhaftes Resultat mit unscheinbaren Mitteln erzielt wird. Beispiele von Vorrichtungen und Konstruktionen, die zur Verstärkung eines an und für sich unbedeutenden Vorganges dienen, ließen sich die Menge beschreiben. Ein einfaches Beispiel liefert da jede Hebelübersetzung. Heute wollen wir uns indessen einmal nur jene typischen Fälle heraussuchen, in denen uns das besonders interessante *Prinzip des Gegenstroms* entgegentritt, ein ebenso geniales als einfaches Prinzip, das uns sogar aus dem täglichen Leben her allgemein bekannt ist! Wir brauchen nur an die Geldvermehrung durch Zins- und Zinseszins zu denken. Jeder Franken kann den Grund eines großen Vermögens bilden. Man hat ihn nur auf die Bank zu tragen und ihn jeweilen nach Jahresfrist, wenn er sich durch Zins vermehrt hat, neu anzulegen. Die Zinsen

118

hebt man ab und sammelt sie *(additives Verfahren)* oder
aber, man legt sie jeweilen wieder mit an *(multiplikatives Verfahren)*. Die Wirksamkeit des Prozesses wird offenbar durch
den Zinsfuß bestimmt. Will man die Wirkung derart steigern, daß sie auch bei kleinem Anfangskapital im Laufe
eines Menschenlebens zur Geltung kommt, so wird man den
Mechanismus allerdings verbessern müssen. Dann wird man
das Geld eben in Handel und Industrie „arbeiten" lassen.
Gleich wie hier gelangt das Gegenstromprinzip nun auch in
Physik und Technik nur dann zu Bedeutung, wenn es innert
nützlicher Frist große Wirkungen erzielt.

Um das Verfahren zu erläutern, nehmen wir uns erst
einmal eine *Wimshurst-Elektrisiermaschine* vor, wie sie der
Knabenwelt in ihrem elektrischen Baukasten allgemein bekannt ist. Einen der Hauptbestandteile
bilden hier die beiden in gekreuzter Stellung
angebrachten „Ausgleicher". Wir zeichnen uns
zur besseren Vorstellung einmal diese beiden
Ausgleicher, d. h. die beiden Metallstäbe
nicht gekreuzt, sondern vertikal nebeneinander, bezeichnen ferner den linken mit *I*,
den rechten mit *II*, jedes obere Ende
mit *A* und jedes untere mit *B*. Nun brin-

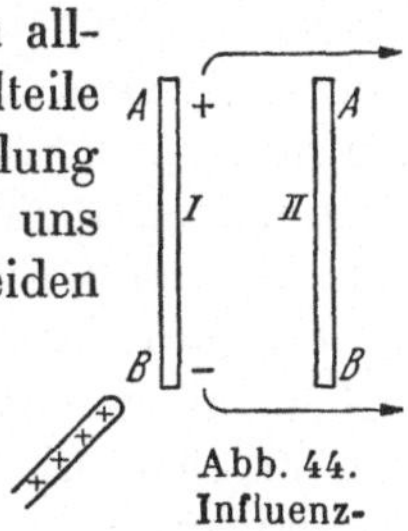

Abb. 44.
Influenz-
maschine.

gen wir in die Nähe von *I B* etwa eine geriebene Glasstange.
Sofort entsteht durch *Influenz* an *I B* eine Ladung $-e$ und
an *I A* entsprechend $+e$. Durch einen geeigneten Mechanismus wird nun jede dieser Ladungen fortgeführt, und zwar
wird $+e$ bei *II A* und $-e$ bei *II B* *vorbei*geführt. Sowohl
die eine als die andere erzeugt durch Influenz an *II A* $-e$
und *II B* $+e$, so daß an *II A* $+2e$ und an *II B* $-2e$
sitzen. Nun werden diese Ladungen wieder fortgeführt und
gelangen an *I A* bzw. *I B* vorbei. Durch Influenz entsteht
jetzt an *I A* $+4e$, an *I B* $-4e$. Die anfängliche Ladung hat
sich also bei diesem Prozeß vervierfacht, und der ganze Vorgang wiederholt sich jetzt mit vierfacher Intensität. Die fort-
und vorbeigeführten Ladungen werden ihrerseits auf den
Konduktoren der Maschine gesammelt. Das Bewegen der
Ladungen geschieht durch zwei einander entgegenrotierende

Ebonitscheiben, die gleich mit einem Kranz von Stanniolblättern beklebt sind, wodurch der Arbeitsprozeß noch vervielfacht wird. Die Ladungsvervielfachung geschieht so rapide, daß schon nach kurzem Drehen der Maschine die volle Spannung erreicht wird. Ja, es bedarf nicht einmal einer anfänglichen Influenzierung. Schon die geringste immer vorhandene Anfangsladung genügt zur „*Selbsterregung*". Im einzelnen ist der Vorgang allerdings wesentlich komplizierter, als hier rein schematisch dargestellt. Auch geht die Leistungssteigerung nicht ins Ungemessene, wie nach der Theorie anzunehmen. Denn auch die physikalischen Bäume wachsen nicht in den Himmel. Die funkenartigen Ausgleichsvorgänge, die auf den Scheiben und in die umgebende Luft hinein stattfinden, verhindern das Entstehen beliebig hoher Spannungen. Diese betragen immerhin 5o kV (Kilovolt) und mehr. Die Stromlieferung ist andererseits, selbst bei den technisch vervollkommneten Modellen von W o m m e l s d o r f und W e h r s e n , nur klein. Überhaupt kann die Leistung, welche solche elektrische, auf dem Influenzprinzip beruhende Generatoren hergeben, niemals groß sein. Das geht schon aus dem Umstand hervor, daß die elektrischen Kräfte, die zum Trennen der Ladungen notwendig sind, stets klein sind, die Maschinen also keinen großen mechanischen Arbeitsaufwand benötigen.

Anders bei den eigentlichen Generatoren, den *Dynamos*, die auf der Verwendung der *elektrischen Induktion* beruhen. Hier sind starke magnetische Kräfte im Spiel. Interessanterweise finden wir auch hier das Prinzip des Gegenstromes verwendet. Nur führt es eine eigene Bezeichnung. Es ist das berühmte *dynamo-elektrische Prinzip* W e r n e r v o n S i e m e n s ', das dieser 1867 in die Technik einführte, kurz nachdem H o l t z 1865 seine erste Influenzmaschine erfunden hatte. Bisher bestanden die Dynamos aus Spulen, die vor den Polen eines Permanentmagneten vorbeirotierten. S i e m e n s zeigte, daß man statt des Magneten auch Weicheisen nehmen kann, sofern dieses mit einer Spulenwicklung versehen wird. Diese verbindet man mit der rotierenden Spule zu einem Stromkreis. Was passiert nun bei der Rotation? Zunächst sehr wenig. Da das Weicheisen bis auf den remanenten Magnetismus unmagnetisch ist, entsteht ein ganz minimer Induktionsstrom. Dieser aber fließt durch die Wicklung auf dem Weicheisen und verstärkt dessen Magnetismus um ein Weniges. Dadurch entsteht nun ein stärkerer Induktionsstrom, wiederum den Elektromagneten verstärkend, und so geht das weiter. Die gegenseitige Steigerung hört erst dann auf, wenn der Elektromagnet vollständig erregt, d. h. magnetisch gesättigt ist. Die Selbsterregung geht, da sie ebenfalls, wie bei der Influenzmaschine, multiplikativ erfolgt, sehr rasch vor sich, bietet also in dieser Hinsicht keinen Nachteil. Der Kunstgriff bringt aber den großen Vorteil, daß man so Maschinen großer und konstanter Leistung herstellen kann. Durch verschiedene Anordnung und Verbindung der Wicklungen auf dem „Rotor" und „Stator" kann überdies den verschiedensten elektrischen Ansprüchen Rechnung getragen werden.

Weitere Triumphe feierte das Gegenstromprinzip, als im Jahre 1896 Linde seine *Luftverflüssigungsmaschine* konstruierte. Wer hätte gedacht, daß jemals die theoretisch zwar interessante, praktisch aber ganz belanglose Kältewirkung, die unter dem Namen Thomson-Joule-Effekt bekannt ist, eine große Rolle in der Kältetechnik spielen werde? Läßt man komprimierte Luft aus einer Düse ausströmen, ohne daß sie Arbeit zu leisten hat, so beobachtet man pro at Druckunterschied etwa $^1/_4{}^\circ$ Abkühlung. Dieser kleine Effekt entspricht dem geringfügigen Unterschied, den die Luft im Verhalten gegenüber einem vollkommen „idealen Gase" besitzt. Doch, wie hieraus die rationelle Abkühlung der Luft auf ungefähr -140° bewerkstelligen, ohne welche an eine Verflüssigung nicht zu denken ist? Hierzu diente nun eben der *Gegenstromapparat*. Die komprimierte Luft strömt durch eine lange Kupferröhre, tritt durch eine Düse aus und wird nun *außen* längs der Kupferröhre wieder zurückgeleitet. Die leicht abgekühlte Luft dient also zur sukzessiven Vorkühlung der nachfolgenden Luft. So summiert sich Effekt zu Effekt (additives Verfahren), bis jener Kältegrad erreicht ist, bei dem die austretende Luft sich verflüssigt. Nach diesem Verfahren werden heute flüssige Luft und flüssiger Wasserstoff fabrikmäßig hergestellt.

Gasförmiger Wasserstoff muß allerdings erst durch flüssige Luft vorgekühlt werden, da der Thomson-Joule-Effekt hier erst bei tiefen Temperaturen im richtigen Sinne wirksam ist.

Noch auf einem ganz anderen Gebiet treffen wir in neuester Zeit das Gegenstromprinzip angewendet, nämlich beim *Radio*. Nur heißt es hier wieder anders. Es ist die jedem Radioamateur bekannte *Rückkopplung*. Die Wirkungsweise der Radiolampen besteht im Prinzip darin, daß ein durch sie hindurchfließender Strom mittels einer Hilfselektrode, dem sogenannten Gitter, elektrisch „gesteuert" wird. D. h. eine winzige, dem Gitter zugeführte elektrische Ladung bewirkt eine große Änderung des Lampenstroms. Dieser Effekt kann nun durch Rückkopplung ungemein gesteigert werden. Man hat nur die bewirkte Stromänderung auf die Ladung des Gitters zurückwirken zu lassen. Indem man so die ursprüngliche Gitterladung vermehrt, vergrößert sich auch der Stromeffekt. Diese erhöhte Wirkung setzt aber ihrerseits die Gitterladung weiter hinauf, und durch das Hin und Her zwischen Ladungs- und Stromeffekt gelangt man zu einer enormen Erhöhung des Verstärkungsfaktors. Die Rückkopplung kann entweder *induktiv* oder *kapazitiv* erfolgen, je nachdem man die elektrische Induktion (Rückkopplungsspulen) oder die Influenz (Kondensator) zur Rückwirkung auf das Gitter benützt. Auch hier ist die Wirkung begrenzt, denn der Lampenstrom kann höchstens *ganz* abgebremst werden oder zu seiner maximalen Stärke anwachsen. Meist darf aber der Grad der Rückkopplung überhaupt nicht zu hoch genommen werden, weil sich sonst der Verstärker zu elektrischen Schwingungen „aufschaukelt", was sich zumeist durch das „Pfeifen" des Verstärkers anzeigt. Das Rückkopplungsprinzip ist bei den Radioapparaten in den verschiedensten Schaltungen mit großem Erfolg angewandt worden. Wie aber keine Erfindung, sie sei so genial wie sie wolle, nur gute Seiten hat, so auch hier. Gar oft treten Rückkopplungsphänomene bei Verstärkerapparaten auch ungewollt auf und bilden häufig geradezu die pièce de résistance für ein tadelloses Arbeiten. Dessen ungeachtet wird niemand

die grundlegende Bedeutung des Prinzips des *Gegenstroms,*
der *Rückwirkung,* der *Rückkopplung,* oder wie man es
nennen wolle, verkennen wollen. Solange es eine Technik gibt,
wird dieser mächtige Faktor auch immer wieder zu neuen
Leistungen herangezogen werden.

23. Magnete.

Frägt man scherzweise, ob man Magnaten oder Magneten
den Vorzug geben wolle, so wird sich auf alle Fälle die
Technik einstimmig für die letzteren entscheiden. Gehören
doch die Magnete zu ihren gewaltigsten Faktoren. Würden
nämlich die magnetischen Kräfte plötzlich verschwinden, so
würden nicht nur alle Elektrokranen und Magnetscheider
wirkungslos, die Telegraphen ständen still, es schwiege das
Telephon und die elektrische Klingel, die Schiffe auf hoher
See verlören ihren Kompaß; aber auch die Dynamos und
Transformatoren bekämen den Leerlauf, und die ganze Elektrizitätswirtschaft verschwände spurlos!

Magnete kannte man schon zu allen Zeiten, da sie in der
Natur in der Form des *Magneteisensteins* vorkommen. Die
Chinesen nannten diesen den „liebenden Stein", während die
Bezeichnung „Magnet" wohl von der kleinasiatischen Stadt
Magnesia, einer im Altertum bekannten Fundstätte des Fe_3O_4
herrührt. Nur wenige Metalle gibt es, die sich magnetisieren
lassen, außer dem *Eisen* noch das *Nickel,* das *Kobalt,* ferner
die aus Mangan, Kupfer und Aluminium bestehenden H e u s -
l e r schen Legierungen. Es gibt *permanente* und *temporäre*
Magnete, d. h. solche Materialien, die nach Einwirken einer
magnetischen Kraft magnetisch bleiben, und solche, die wieder unmagnetisch werden. Repräsentanten der beiden Sorten
sind Stahl und Weicheisen. Die einfachste Magnetform ist die
stabförmige. Auch die *Hufeisenmagnete* sind nichts anderes
als U-förmig gebogene *Stabmagnete.*

Die *Grundeigenschaften* solcher Magnete kann man sich
leicht selbst im Experiment vorführen. Es bedarf nur eines
kleinen Hufeisenmagnets, einiger möglichst dünner Strick-

nadeln, eines Korkens und eines Wasserbeckens. Wir stellen zunächst fest, daß die Stricknadeln sich gegenseitig nicht anziehen. Bringen wir eine aber an die Enden, d. h. an die Pole des Magneten heran, so wird sie von diesen lebhaft angezogen. Dabei ist sie selbst magnetisch geworden. Denn hernach ist sie fähig, eine unmagnetische Stricknadel anzuziehen. Der Magnet hat die Nadel also magnetisch „*induziert*". Wir haben einen Permanentmagneten erzeugt. Besonders vollkommen erreicht man dies, wenn man die Nadel mehrmals mit dem einen Pol von der Mitte aus nach dem einen Ende hin bestreicht, und sodann dasselbe mit dem andern Pol und dem andern Ende ausführt. In dieser Weise könnte man sämtliches Eisen der Erde magnetisieren, ohne daß das Hufeisen selbst schwächer würde! Hat man zwei identisch magnetisierte Stricknadeln, so kann man beobachten, daß die *gleichsinnigen Enden sich abstoßen*, die *ungleichsinnigen* sich aber anziehen. Jeder Magnet besitzt also zwei magnetische Enden, die sich entgegengesetzt verhalten. Steckt man eine solche Nadel durch einen Korken, so daß sie, auf Wasser gelegt, schwimmt, so dreht sie sich dementsprechend in die Richtung der erdmagnetischen Kraft. Das Ende, das nach Norden weist, nennt man *nordmagnetisch* oder $+$ und das andere *südmagnetisch* oder $-$. Da die Nadel sich nur dreht und nicht fortbewegt, so folgt daraus, daß in ihr ebensoviel Süd- als Nordmagnetismus vorhanden ist. Die Magnetisierung wird gänzlich zerstört, wenn wir die Stricknadel ausglühen. Dies hängt damit zusammen, daß jeder ferromagnetische Körper oberhalb einer charakteristischen Temperatur, dem C u r i e - *Punkt,* seine *Magnetisierungsfähigkeit* verliert, Nickel z. B. schon weit unterhalb Rotglut.

Wo sitzt denn nun eigentlich der Magnetismus? Hat man am einen Ende eines Magnets etwa nur Nordmagnetismus, am andern nur Südmagnetismus, und kann man die beiden Sorten dadurch voneinander trennen, daß man den Magneten halbiert? Wir wollen unsere Stricknadel ausglühen und in Wasser abschrecken, um sie spröde zu machen. Jetzt magnetisieren wir sie und brechen sie entzwei. Zu unserer Überraschung sind die beiden Bruchstellen, die vorher unmagne-

tisch schienen, zu Magnetpolen geworden. Jede Nadelhälfte
repräsentiert einen vollständigen Magneten mit Nord- und
Südpol! Auch mit diesen Hälften läßt sich das Experiment
wiederholen usf., so daß wir schließlich annehmen müssen,
der *Magnetismus* (+ und —) sei im *ganzen Material verteilt*,
trotzdem ein Magnet keine Kraftwirkung in der Mitte und
polare Unterschiede nur an den Enden aufweist. In einigem
Abstand von einem Magneten scheint es sogar so, als ob die
magnetische Wirkung nur von zwei Punkten ausginge, die
sich in einem Abstand von etwa $^5/_6$ der Stablänge befinden.
Wir müssen aber etwaige Polsucher warnen, denn je näher
wir an einen Magneten herangehen, um so mehr verschwim-
men und zerrinnen die „*Pole*" in ausgedehnte magnetische
Bezirke. Wir verstehen auch, daß nie bloß *eine* Polarität vorhanden sein kann. Magnete müs-
sen immer als *Dipole* aufgefaßt
werden. Sie besitzen als solche
ein bestimmtes „*Moment*", worunter man das *Produkt aus Pol-
stärke und Polabstand* oder die

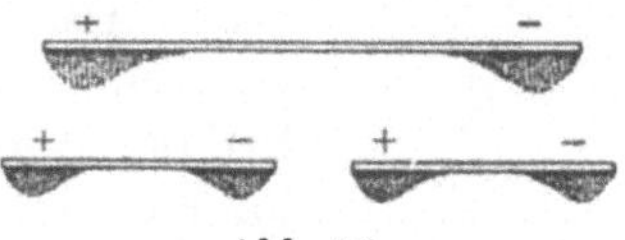

Abb. 45.
Vermehrung durch Teilung.

Magnetisierungsstärke pro cm³ versteht. Es gibt aber auch
vielpolige Magnete. Einen Tripol erhalten wir z. B., wenn
wir die beiden Enden einer Stricknadel mit demselben
Pol des Hufeisenmagnets bestreichen. Dann werden die
Enden gleichpolig, und in der Mitte befindet sich der Gegen-
pol von der doppelten Stärke. Allerdings gibt es auch Magnete *ohne jeden Pol*. Man braucht nur einen Hufeisenmagneten durch einen Weicheisenanker zu „schließen". Noch
besser, man bestreicht einen *Eisenring* im Kreis herum mit
einem Magnetpol. Ebenfalls keine Wirkung nach außen erhält man in dem merkwürdigen Fall einer *Eisenkugel*, die
vom Mittelpunkt aus radial nach außen magnetisiert ist. Hier
haben wir tatsächlich nur *einen Pol* in der Mitte, während
der Gegenmagnetismus über die Kugeloberfläche verteilt ist.
Magnetisch wirkungslos wäre ähnlich auch eine radial magnetisierte Hohlkugel.

Wie steht es nun mit der *Kraftwirkung* eines Magnets?
Während diese in unmittelbarer Nähe sehr groß ist — ein

Hufeisenmagnet „trägt" bis zum Zehnfachen seines Eigengewichts —, nimmt diese mit der Entfernung sehr rasch ab, und zwar infolge der Mehrpoligkeit der Magnete viel rascher, als dem Coulomb*schen Gesetz* entspricht. Die Wirkung eines einzelnen Pols würde zwar mit dem Quadrat der Entfernung abnehmen. Da aber bei zwei Polen der eine immer dem andern entgegenwirkt, so fällt die Kraft, wie leicht zu zeigen, mit der *dritten Potenz* ab. Bei einem Tripol geht es sogar mit der *vierten Potenz* herunter. Der größte Magnet, den wir kennen, ist unsere Erde. Sie besitzt die charakteristischen Merkmale eines Dipols, dessen Nordmagnetismus übrigens auf der südlichen Halbkugel liegt, und umgekehrt. Einmal nimmt ihre magnetische Kraft in den Kosmos hinaus mit dem Kubus der Entfernung ab, verliert sich also schneller als etwa die durch ihre elektrische Ladung bedingte Kraftwirkung. Dann aber ist ihr Kraftfeld bei ein und derselben Entfernung, je nach der Lage, verschieden. Am größten ist es in Richtung der *magnetischen Achse*, und am

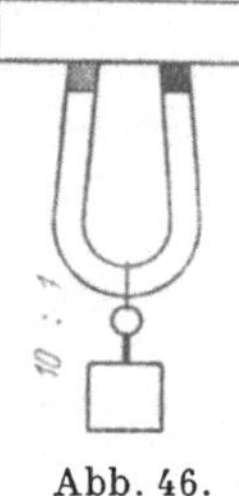

Abb. 46.
Tragkraft.

kleinsten, nämlich nur halb so groß, in der Richtung des *magnetischen Äquators*. Da die magnetische Erdachse nicht mit der Rotationsachse zusammenfällt, so entstehen außerirdische magnetische Schwankungen mit einer täglichen Periode. Würde das Magnetfeld der Erde auf der Sonne noch eine nennenswerte Intensität besitzen, so müßten in ihr elektrische Wechselströme induziert werden, die allerdings nur eine Frequenz von $1/_{86\,400}$ besäßen. Das System *Erde—Sonne* wäre ein *Wechselstromgenerator* auf Kosten der Rotationsenergie der Erde. An des Tages stets gleichgestellter Uhr sehen wir indessen, daß dem magnetischen Wechselfeld der Erde in größerer Entfernung offenbar keine Bedeutung mehr zukommt.

24. Magnetismus.

Eine Eigenschaft, die nur wenigen Körpern zukommt, ist der Magnetismus. Schon seit undenklichen Zeiten hat die geheimnisvolle Kraftwirkung dieser Stoffe den Menschengeist beschäftigt. Sie bildete geradezu das Sinnbild für unerklärliche Wirkungen, so daß man die Bezeichnung Magnetismus sogar im Sinne okkulter Eigenschaften verwendete. Dies um so mehr, als auch heute noch der Magnetismus zu den rätselvollsten Gebieten der Physik gehört. Eine Weile lang schien sich das Geheimnis auf einfachste Weise enthüllen zu wollen, als nämlich Wilhelm Weber seine Theorie der *Elementarmagnete* aufstellte. Hiernach besteht jeder Magnet aus kleinsten Gebilden, die fertige Magnetchen sind, die aber im unmagnetisierten Eisen regellos durcheinander liegen. Durch Bestreichen mit einem Magneten, d. h. durch magnetische Induktion, lassen sie sich aber alle mehr oder weniger ausrichten. Leistet das Material einen gewissen Widerstand gegen die Magnetisierung und damit auch gegen die Entmagnetisierung, so bleibt die Ausrichtung nach dieser „Gleichschaltung“ bestehen, und wir haben einen Permanentmagneten. Es lag nahe, die Elementarmagnete mit den Atomen selbst zu identifizieren, besonders, da sich eine einfache Erklärung für den Atommagnetismus bot. Wissen wir doch, daß die Atome von Elektronen, also sozusagen von elektrischen Strömen, umkreist werden. Solche üben aber eine magnetische Wirkung aus und sind im speziellen gleichwertig magnetischen Dipolen, d. h. Elementarmagneten. Durch die Theorie dieser Ampèreschen *Elementarströme* schien also der Magnetismus restlos aufgeklärt zu sein. Dies um so mehr, als sich das erwartete Auftreten eines *gyromagnetischen Effektes* bestätigte. Dieser besteht darin, daß ein Eisenstück einen Drall, d. h. einen Rotationsanstoß um eine Achse erhält, falls es längs dieser Achse magnetisiert wird. Das ist zu erwarten, wenn die Elementarmagnete kleine Ampèresche Kreiselchen sind. Nur stimmte leider die Größe des gemessenen Dralles gar nicht mit dem theoretisch zu erwartenden überein. Dies und auch der Umstand, daß ja nicht nur ferro-

magnetische Substanzen A m p è r e sche Elementarströme besitzen, dabei aber gar nicht magnetisch sind, ließ erkennen,
daß man von einer Erklärung des Magnetismus noch weit
entfernt war. Glücklicherweise kamen hier neue Erkenntnisse zu Hilfe. Einmal die Feststellung, daß die Metalle aus
lauter kleinsten Kristallen bestehen, die entweder regellos ge-
lagert sind — *mikrokristalline Struktur* — oder mosaikartig
geordnet — makrokristallin als *Einkristall.* Lag es nicht
nahe, den Begriff des Elementarmagneten mit diesen kleinen Bausteinen der Kristalle in Verbindung zu bringen? In
der Tat müssen wir uns einen Magneten aus solch kleinsten,
fertig magnetisierten Teilchen aufgebaut denken, die viele
Tausende von Atomen umfassen und im übrigen unter sich
verschieden groß sein können. Natürlich stellt sich letzten
Endes wieder die Frage, wieso sind in diesen kleinen Blök-
ken die Atome alle ausgerichtet? Unglaubhaft mußte die
Annahme erscheinen, daß etwa alle Elektronenbahnen, d. h.
die A m p è r e schen Molekularströme einander parallel gestellt
seien. In dieser Schwierigkeit fand sich der rettende Ausweg
in dem auf Grund optischer Messungen entdeckten *Eigen-*
magnetismus der Elektronen. Jedes Elektron ist selbst ein
Kreiselchen, besitzt also in Richtung seiner Achse ein magnetisches Moment. Man vermutet nun, daß in bestimmten
Atomen die äußeren Elektronen sich gegenseitig so beeinflussen, daß ihre Kreiselachsen sich dauernd einander parallel
stellen. Die Einstellrichtung ist durch die Kristallstruktur
des Blockes bestimmt. Bei kubischen Kristallen, wie sie bei
Fe und Ni vorliegen, gibt es drei zueinander senkrecht
stehende Richtungen, nach denen die Einstellung erfolgen
kann. Man hat es nun in der Hand, die Magnetisierungs-
richtung durch magnetische Einwirkung von außen von
einer Stellung in die andere zum Umklappen zu bringen. Ein
drastisches Bild von den Verhältnissen kann man sich etwa
so machen: Man denke sich eine Schachtel mit Suppenwür-
feln vollgeschüttet. Jeder Würfel bedeute einen Elementarmagneten, mit der magnetischen Achse in Richtung irgendeiner seiner drei Kanten. Die ganze Schachtel verkörpert infolge der (doppelten) Regellosigkeit ein unmagnetisiertes

128

Eisenstück. Setzt man sie nun aber einer magnetischen Kraft aus, so klappt die Magnetisierung der Würfel in diejenige Kantenrichtung um, die der Richtung der magnetisierenden Kraft am nächsten liegt. Bei denjenigen, wo dies schon stimmt, passiert gar nichts. Ist dann diese ruckweise Neuorientierung vollendet, so nennen wir die Schachtel bzw. das Eisen „technisch" gesättigt. Dabei stehen die meisten Magnetisierungsachsen immer noch schräg zum Magnetfeld. Erst, wenn dieses noch weiter gesteigert wird, drehen sich die Achsen allmählich noch ganz in die Feldrichtung hinein, und jetzt haben wir ideal, d. h. völlig gesättigtes Eisen. Dieses ruckweise Umklappen der Magnetachsen in den *Elementarblöcken* kann man nach B a r k h a u s e n sogar hörbar machen. Man hat nur das in Magnetisierung begriffene Eisen in eine Drahtspule zu legen. In dieser entstehen dann elektrische Induktionsströme, die in einem Telephon ein rauschendes, brodelndes Geräusch hervorrufen.

Es besteht kein Zweifel, daß unsere Kenntnis vom *Ferromagnetismus* eine wesentliche Vertiefung erfahren hat. Immer bleiben aber, wie überall, noch Fragen. Hier steht der Physiker und allgemein der Naturwissenschaftler nicht besser da

Abb. 47.
Para-
magnetismus.

als das Kind, das immer noch ein „Warum" hat. Wissen wir denn, wie es mit der magnetischen Eigenschaft der Elektronen bestellt ist? Immerhin sehen wir tröstlicherweise, daß, wenn auch alte Theorien gestürzt werden, immer wieder ein Restchen davon als Baustein für die neuen verbleibt, so hier der Begriff der Elementarmagnete. Wo stecken aber jetzt die A m p è r e schen Elementarströme? Mußten diese endgültig über Bord geworfen werden? Nein, auch sie haben Auferstehung gefeiert in der Theorie des *Paramagnetismus!* Es gibt nämlich gar keine völlig unmagnetische Substanzen. Nur ist die Magnetisierungsfähigkeit gewöhnlich gegenüber der des Eisens außerordentlich gering, meist weniger als 1 Millionstel davon. Um diese zu erklären, nimmt man an, daß die A m p è r e schen Elementarströme durch magnetische Einwirkung ausgerichtet werden. Da aber die Temperaturbewegung der Moleküle eine ungeordnete Lage aufrechtzuerhalten sucht, ist die Ausrichtung nur schwer, ja unter gewöhnlichen Bedingungen überhaupt nicht zu erzielen. Je kälter eine Substanz, um so besser geht es, und in der Nähe des absoluten Nullpunktes kann man sogar annähernd *paramagnetische Sättigung* erreichen, d. h. solche Substanzen lassen sich ungefähr wie Eisen magnetisieren. Paramagnetismus verursachen übrigens nicht nur die im Atom umlaufenden Elektronen, sondern auch die freien Elektronen in den Metallen, die den elektrischen Strom transportieren. Diese bewegen sich eben auch mehr oder weniger auf krummer Bahn.

Besonders interessant ist die Eigenschaft mancher Stoffe, wie z. B. des Wismuts, sich verkehrt zu magnetisieren. Ein Nordpol induziert einen Nordpol usw. Solche Körper erfahren dann eine Abstoßung statt einer Anziehung. Die Erklärung dieses *Diamagnetismus* ist auch mit Hilfe der Ampèreschen Elementarströme möglich. Zum besseren Verständnis führen wir folgenden einfachen Versuch aus. Wir hängen einen Metallring an einen Haken, z. B. einen Türgriff. Wir können ein Armband oder einen kreisförmig in sich geschlossenen Kupferdraht benützen. Nun nehmen wir einen kräftigen Hufeisenmagneten zur Hand und bewegen den einen Schenkel rasch in den Ring hinein, ohne diesen indessen zu berühren. Der Ring erfährt dabei einen deutlichen Rückstoß! Er pendelt sogar lebhaft hin und her, wenn wir den Magnetpol im Schaukeltempo hinein- und herausbewegen. Es entstehen dann eben Induktionsströme im Ring, so daß dieser magnetische Eigenschaften bekommt, und zwar derart, daß er den Magnetismus des Hufeisens zu schwächen sucht. Wenden wir nun diese Erkenntnis auf atomare Verhältnisse an und nehmen einmal an, es seien 2 Elektronen vorhanden, die genau gleich kreisen, also in derselben Bahn, nur mit entgegengesetztem Umlaufsinn. Auf ein solches Atom wird ein Magnet keine Richtkraft ausüben können. Hingegen werden in beiden Strombahnen Zu-

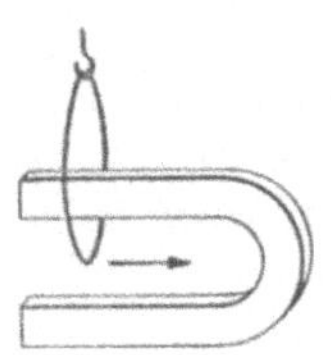

Abb. 48.
Diamagnetismus.

satzströme induziert, die nach unserem Versuch so gerichtet
sind, daß sie das induzierende Feld schwächen. Solche
Atome zeigen infolgedessen beim Annähern eines Magneten
eine abstoßende Wirkung oder *verkehrte Magnetisierungsfähigkeit*. Kompliziert wird das Phänomen durch die Temperaturbewegung der Atome. Da im Mittel aber stets alle
räumlichen Orientierungen der Atome gleichmäßig vertreten
sind, und zwar unabhängig von der Höhe der Temperatur,
so hängt der Diamagnetismus im Gegensatz zum Paramagnetismus nicht von der Temperatur ab. Wir sehen: Para- und
Diamagnetismus sind zwei verschiedene Erscheinungsfor-
men des *Atommagnetismus*. Sofern die Elektronenbahnen
im Atom sich mehr oder weniger magnetisch kompensieren,
überwiegt der Diamagnetismus, im anderen Fall der Paramagnetismus. Jeder Magnetismus, auch der Ferromagnetismus, ist letzten Endes auf eine Eigenschaft der Elektronen
zurückzuführen, sei es auf ihre kreisende Bewegung, sei es
auf ihre Eigenrotation. Insofern kann man von Elementarmagneten oder von *Magnetonen* sprechen. Magnetismus bedeutet aber kein Ding, sondern Leben — Leben des Elektrons.

25. Potentiale.

Sowohl der Mathematiker als der Physiker kennt einen
Begriff, der zwar nicht auf die deutsche Posse, wohl aber
auf das lateinische Posse, zu deutsch: können, vermögen,
zurückführt. Der Mathematiker spricht nämlich von Potenzen, der Physiker von Potentialen. Uns interessiert dieser
zweite Begriff, den wir für den bekanntesten Fall des *Gra-
vitationspotentials* erläutern wollen. Hebt man einen Körper
von der Erde hoch, so kann er einfach durch Fallen oder
Herabsinken eine gewisse Arbeit leisten. Man denke etwa
an den Gewichtsaufzug einer Wanduhr. Der Körper besitzt
Energie der Lage oder *potentielle Energie*. Diese ist nach
dem „Energiesatz" gerade so groß wie die Arbeit, die man
zum Heben des Körpers aufwenden muß, nämlich gleich dem

Produkt aus Gewicht und Höhe. Hebt man beispielsweise
100 kg um 10 m, so beträgt die potentielle Energie
1000 mkg. Man nennt diesen Energiewert, der einem Körper an irgendeinem Ort zukommen würde, sein Potential.
Überall in gleicher Höhe besitzt es denselben Wert. Die
Orte gleichen Potentials, die man *Äquipotential*- oder *Niveauflächen* nennt, sind hier also horizontale Ebenen. Das Potential hängt sehr einfach mit der Schwerkraft bzw. mit dem
Gewicht eines Körpers zusammen. Da die *Zunahme* des
Potentials mit der Höhe gleich der aufzuwendenden Kraft
(die der Gewichtskraft gleich und entgegengesetzt ist) mal
dem Höhenzuwachs ist, so ist umgekehrt diese Kraft gleich
Potentialzunahme durch Höhenzuwachs, oder die Gewichtskraft ist gleich dem *Potentialgefälle*. Dabei steht die Schwerkraft stets senkrecht
auf den Niveauflächen. Ähnlich verhält
es sich nun auch mit den Beziehungen
zwischen irgendeinem Kraftfeld und dem
zugehörigen Potentialfeld.

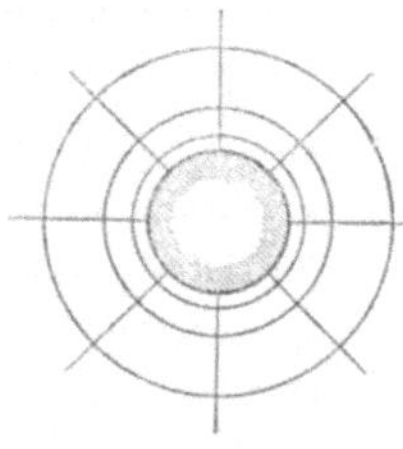

Abb. 49. Erdfeld.

Auch beim *Schwerefeld* sind die Verhältnisse in Wirklichkeit komplizierter als
hier dargestellt. Die Niveauflächen, die
Orte gleicher Höhe entsprechen, sind ja eigentlich Kugeln,
und das Potential wächst wegen der Abnahme der Schwere
mit der Höhe nicht proportional, sondern immer langsamer
an. Sein Wert in Himmelsweite wird daher nicht unendlich
groß, sondern berechnet sich zu Gewicht mal Erdradius. Will
man das Potentialfeld also richtig darstellen, so wird man
konzentrische Kugeln zeichnen, deren Radius so bemessen
ist, daß sie alle einen konstanten Potentialunterschied von
beispielsweise 1000 mkg aufweisen. Ihr Abstand muß also
nach außen hin *zunehmen*. Ergänzt man nun dieses Bild
noch durch die „*Kraftlinien*", indem man von der ganzen
Erdoberfläche aus Linien nach Art eines Strahlenkranzes
zeichnet, so erkennt man unmittelbar den Zusammenhang
zwischen den beiden „Feldern". Die Schwerelinien durch-
schneiden überall rechtwinklig die Niveauflächen und stehen
um so weiter voneinander ab, d. h. das Kraftfeld wird um

so schwächer, je weniger dicht die Niveauflächen beieinanderliegen, d. h. je kleiner das Potentialgefälle ist.

Die Erdoberfläche spielt dabei die Rolle der Niveaufläche vom Potential Null. Wie ist es aber mit dem Potential im Erdinnern? Nun, das existiert natürlich auch, nur ist es negativ. Denn, wenn man einen Körper einen Schacht hinunterhebt, braucht man keine Arbeit zu leisten, sondern man erhält solche, d. h. aber, man leistet negative Arbeit! Natürlich steht es einem frei, die Arbeitsleistung statt von der Erde vom Erdmittelpunkt aus zu bewerten. Dann würde man stets eine positive Arbeitsleistung und damit immer ein positives Potential finden. Der Potentialwert hängt also ganz vom *Bezugssystem* ab. Da es aber bei allen Problemen immer nur auf die Potential*differenzen* und nicht auf die Absolutwerte ankommt, so wählt man den Ausgangsort eben so, wie es am zweckmäßigsten ist, und da ist für uns Lebewesen wohl die Erdoberfläche vor dem Erdmittelpunkt vorzuziehen.

Der Potentialbegriff kümmert sich natürlich nicht um die Natur des Kraftfeldes. Ein solches entsteht aber auch in der Nähe von elektrischen und magnetischen Körpern. Da

Abb. 50. Elektrisches Potential.

unsere Erde eine elektrische Ladung und Magnetismus besitzt, so kommt jedem Punkt ob uns und unter uns *gleichzeitig* ein *gravitierendes*, ein *elektrisches* und ein *magnetisches Potential* zu. Das elektrische verhält sich zudem weitgehend dem gravitierenden ähnlich. Auch hier wächst das Potential mit der Höhe über dem Erdboden und sind die Niveauflächen Kugeln mit nach außen zunehmendem Abstand. Die theoretische *Definition* des *elektrischen Potentials* ist allerdings von dem des Schwerefeldes etwas abweichend. Hier ist die Arbeit gemeint, die beim Heranbringen eines mit der *Einheits*ladung versehenen Körpers aus der Unendlichkeit an den betreffenden Ort zu leisten ist. Geht das „Feld" von einem $+$ geladenen Körper aus, so ist diese Arbeit auch $+$ und um so größer, je näher man an den Körper herankommt. Der größte Potentialwert herrscht auf diesem selbst. Seine Oberfläche ist zudem eine Niveaufläche. Ist der Körper negativ geladen, so ist sein Potential und das seiner Umgebung —. Das Äquipotentialflächenbild kann wiederum das Kraftlinienbild ersetzen. Die auf einen Einheitspol ausgeübte Kraft, d. h. die *elektrische Feldstärke,* ist an jedem Ort gleich dem dort vorhandenen Potentialgefälle.

Was verhilft nun dem Potentialbegriff zu seiner großen Bedeutung? 1. Es ist leichter, Potentialfelder auszurechnen als Kraftfelder, da Potentiale ungerichtete Größen, d. h. Skalare, Kräfte aber gerichtete, d. h. Vektoren, sind. Es ist daher, trotz des Umweges über das Potential leichter, Kräfte auf diese Weise zu berechnen. 2. Mittels der Potentiale bzw. durch die mit diesen zusammenhängenden Kraftwirkungen läßt sich die Größe von elektrischen Ladungen bestimmen. Zwischen Ladung und Potential eines elektrischen Körpers besteht Proportionalität. 3. Für das Strömen der Elektrizität sind immer Potentialdifferenzen maßgebend. Die Stromstärke ist zumeist der applizierten Potentialdifferenz proportional. Da es auch hier immer nur auf Differenzen ankommt, so hat man wieder das Null-Niveau der Zweckmäßigkeit entsprechend gewählt und nicht das Potential in der Unendlichkeit, sondern *das der Erde gleich Null* gesetzt.

Ein besonders merkwürdiges Verhalten zeigt das *magnetische Potential,* was im Elektromagnetismus besonders augenfällig wird. Das Magnetfeld, das um einen stromführenden Draht herum entsteht, besteht nämlich aus lauter geschlossenen, ihn völlig umkreisenden Kraftlinien. Bewegt man daher einen magnetischen Einheitspol einmal um den Draht herum, und zwar dem Feld entgegen, so muß eine bestimmte Arbeit geleistet werden, die übrigens stets 4π mal Stromstärke beträgt. D. h. aber, bei dieser Operation ist das Potential an ein und demselben Ort um diesen Betrag hinaufgesprungen. Das Potential ist demnach, nicht wie früher, eine *eindeutige Funktion des Ortes,* sondern eine *vieldeutige,* indem sein Wert je nach Belieben um ein ganzzahliges Vielfaches der Größe 4π mal Stromstärke differieren kann. Ein solches Verhalten findet man in allen jenen Fällen, wo man ein sogenanntes *Wirbelfeld* vor sich hat. Es stört dies im übrigen nicht stark, da ja bei der Berechnung des Feldes immer nur das Potentialgefälle benötigt wird, und demnach die unbestimmte Konstante bei der Differenzbildung wegfällt. Wen aber der Schönheitsfehler stört, der kann die Vieldeutigkeit auch ganz vermeiden, indem er das Potential als die Arbeit am Einheitspol definiert, wenn man diesen aus der Unendlichkeit an den betreffenden Ort *ohne* Umkreisung des Leiters heranbringt.

Ein *Potential im übertragenen Sinne* treffen wir in der Hydrodynamik. Die Geschwindigkeitsverteilung in einer strömenden Flüssigkeit, die keine Wirbel enthält, läßt sich nämlich aus dem *Geschwindigkeitspotential* berechnen. Dieses hat mit potentieller Energie gar nichts mehr zu tun. Es hat mit den eigentlichen Potentialen nur das gemeinsam, daß das Vektorfeld durch die Gefäll- oder Gradientbildung aus einer Funktion berechnet werden kann. Potentiale in diesem Sinn, d. h. Funktionen, die durch geeignete *Differentiation* die gesuchten Größen finden lassen, treffen wir ferner in der Wärmelehre. Es sind die *thermodynamischen Potentiale.* Und letzten Endes hat man das Potential sogar seines skalaren Charakters entbunden und spricht auch von *Vektorpotentialen.* Aus diesen Funktionen sind dann die Vektorfelder allerdings nicht durch *Gradientbildung,* sondern durch sogenannte *Rotorbildung* zu gewinnen. So kommt es denn, daß bei einem Begriff von solcher Allgemeinheit der Raum der physikalischen Welt mit Potentialen erfüllt ist, die zu kennen es genügt, um durch geeignete Vektoroperation alle gewünschten Dinge zahlenmäßig zu finden. Daß sie uns auch etwas über die Natur der Dinge sagen, dürfen wir allerdings nicht erwarten.

26. Ionen.

Dieses Wort mag den Klassiker vielleicht an das griechische Ionien, den Parfümeur an das Jonon und den Lokalgeographen wohl gar an das Zürcher Dörfchen Jonen er-

innern. *Ionen* sind aber etwas ganz anderes. Sie sind die
Träger des elektrischen Stroms. Ionen zu fabrizieren ist
etwas Leichtes und ganz Alltägliches. Jede Köchin tut das,
wenn sie die Speisen salzt! Bringt man nämlich etwas Kochsalz, d. h. Natriumchlorid oder NaCl ins Wasser, so teilt sich
ein großer Teil der Moleküle infolge der sogenannten disso-
ziierenden Kraft des Wassers in die beiden Teile Na und Cl,
wobei das erstere Atom eine +-, das zweite eine ebenso
große —-Ladung trägt. Es wird eben das Molekül *nicht nur
chemisch, sondern auch elektrisch gespalten,* indem das Cl
dem Na ein Elektron entreißt. Jedes Ion trägt daher eine
elementare, d. h. positive oder negative *Elektronenladung.* Infolge der Anziehung zwischen den +- und —-Ionen findet
stets auch eine Neutralisation statt, so daß nicht alle Moleküle

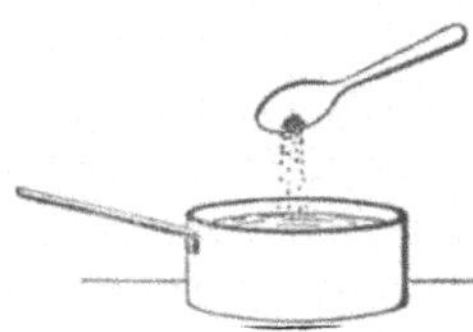

Abb. 51.   Dissoziation.

dissoziiert sein können, es sei denn in sehr
verdünnter Lösung, wo die Ionen sich selten nur begegnen. Für gewöhnlich haben
wir ein Gleichgewicht zwischen der *Aufspaltung* und der *Wiedervereinigung* der
Ionen. Alle Elektrolyte zeigen nun diese
Spaltung, die sogar mehrfach sein kann.
So zerfällt Schwefelsäure H_2SO_4 sowohl in $+H$ und $-HSO_4$
als in $+H$, $+H$ und $=SO_4$, wobei das „Radikal" SO_4 2 Ladungen trägt, d. h. 2wertig ist. Analog ist bei der Aufspaltung von Phosphorsäure H_3PO_4 das Radikal PO_4 3wertig.
Manche Metallionen haben sogar eine Art *Selbstwählerbetrieb,*
indem sie ihre *Wertigkeit* wählen können. So kann z. B.
Kupfer 1- oder 2wertig, Eisen 2- oder 3wertig sein.

Woran erkennt man nun das Vorhandensein von Ionen?
Zunächst einmal daran, daß sie elektrischen anziehenden
und abstoßenden Kräften folgen. Ein einfacher Versuch soll
dies zeigen.

Wir tauchen zwei Drahtenden in ein Glas Wasser ein und
schalten die Drähte in den Stromkreis irgendeiner Glühlampe. Das Wasser zwischen den Drahtenden unterbricht den
Strom fast völlig, und die Glühlampe bleibt dunkel. Sobald
wir aber etwas Salz unter Umrühren ins Wasser werfen,
beginnt die Lampe aufzuleuchten, ein Zeichen dafür, daß

136

jetzt Ionen da sind, die an die Elektroden wandern und so
den Strom vermitteln. Nicht nur die Ladung der Ionen, auch
diese selbst werden an den Elektroden frei. D. h. man sieht
die Metalle und Radikale bzw. ihre chemischen Zersetzungs-
produkte daselbst sich abscheiden. Trotz der außerordentlich langsamen *Wanderung der Ionen* können die Ströme
doch sehr beträchtlich sein, da die Ionen*menge* ungeheuer
groß ist. Der hohe *Reibungswiderstand* der Ionen in der
Flüssigkeit ist zunächst erstaunlich. Insbesondere sollte man
von einem Wasserstoffion wegen seiner, selbst im Vergleich
zu den Atomen verschwindend kleinen Ausdehnung erwarten, daß es mit Leichtigkeit zwischen den Molekülen hin-
durchschlüpfen könne. Dem ist aber nicht so. Das Ion besteht eben nicht nur aus einem nackten Wasserstoffkern, da
dieser durch elektrische Influenz eine Anzahl Wassermoleküle
an sich bindet und mitschleppt. Auch ist, wie die neuere
Theorie der Elektrolyse zeigt, mit dem hemmenden Einfluß
der Ladungsverteilung um das wandernde Ion zu rechnen.
Mit sinkender Temperatur nimmt infolge zunehmender Viskosität der Flüssigkeit die Wanderung weiterhin ab und verschwindet schließlich sogar ganz beim Erstarren. Ein Koch-
salzkristall leitet, obschon er aus sauber in Reih und Glied
geordneten *gefrorenen Ionen* besteht, den Strom nicht mehr.
Er ist ein Isolator. Gelegentlich zeigen zwar Ionenkristalle
eine gewisse Leitfähigkeit. Diese ist aber „*elektronischer*"
Natur. D. h. es können Elektronen durch das Raumgitter
wandern, ein Vorgang, der vielfach künstlich durch *Be-
lichten des Kristalls* herbeigeführt werden kann. Immerhin
kennt man auch feste Stoffe, bei denen die Stromleitung
nicht ausschließlich durch Elektronen, sondern auch von
atomistischen $+$--Ionen besorgt wird.

Da Ionen kleine Teilchen sind, so üben sie nicht nur eine
elektrische, sondern auch eine rein materielle Wirkung aus.
Sie beeinflussen in gleicher Weise, wie gewöhnliche gelöste
Moleküle, den *Gefrier- und Siedepunkt einer Lösung*. Ja,
hier haben wir geradezu ein Mittel an der Hand, um unmittelbar die Aufstückelung von Molekülen zu beweisen. Ist
doch die Erniedrigung des Gefrierpunktes einer wäßrigen

Lösung unabhängig von der Natur des gelösten Stoffes und
nur von der Zahl der gelösten Moleküle abhängig. Dies gilt
für alle Lösungen, die den elektrischen Strom nicht leiten.
Haben wir aber eine Salzlösung, so ist die Herabsetzung bedeutend größer, ja würde doppelt so groß ausfallen, wenn
alle NaCl-Moleküle aufgespalten wären. Die Abweichungen
vom normalen Wert ergeben direkt das, was man den „*Dis-
soziationsgrad*“ des Elektrolyten nennt. Ähnlich verhält es
sich auch mit der Siedepunktserhöhung bei Lösungen.

Weniger wichtig als die elektrolytischen Ionen sind die
künstlichen, die man erhält, wenn man *nicht leitende Flüssigkeiten*, wie Öl u. dgl., mit Röntgenstrahlen *bestrahlt*. Da
hier keine materielle Aufspaltung der Moleküle erfolgt, so

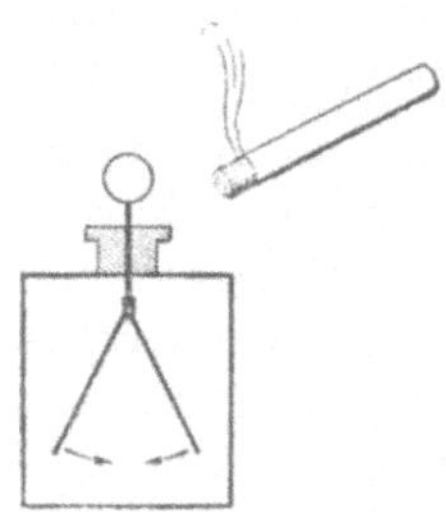
Abb. 52. Luftionen.

ist auch keine Beeinflussung von Gefrier-
und Siedepunkt zu erwarten. Wir haben
hier etwas Ähnliches wie bei der *Ionisierung der Gase*, der wir uns nun zuwenden
wollen. *Gasionen* sind etwas so Alltägliches wie Flüssigkeitsionen. Jeder Raucher
erzeugt sie zu Myriaden. Ist man im Be-
sitze eines einfachen Blattelektroskops, so
kann man sich dies leicht vor Augen führen. Man lade es mit einem geriebenen
Füllfederhalter auf. Die Blättchen verharren nun zunächst
in gespreiztem Zustande, da die elektrische Ladung durch
die Luft hindurch nicht abfließen kann. Bringt man aber
eine brennende Zigarre oder noch besser ein brennendes
Streichhölzchen in die Nähe, so fallen die Blättchen allmählich zusammen. Die bei der Verbrennung entstandenen
Ionen wandern durch die Luft und entladen das Elektroskop. Wie kommt nun die *Ionenbildung* zustande? Die Luft
selbst übt keine dissoziierende Wirkung aus. Denn fügt man
ihr andere Gase oder Dämpfe bei, so entstehen keinesfalls
Ionen. Man kann aber die Luftmoleküle selber ionisieren,
in besonders ergiebiger und verständlicher Weise durch
Röntgenstrahlen. Diese entreißen den Luftmolekülen gewalt-
sam Elektronen, die allerdings binnen kurzem von anderen
Luftmolekülen wieder abgefangen werden, so daß schließlich

$+$- und $-$-geladene Luftmoleküle entstehen. Jedes trägt, wie bei den elektrolytischen Ionen, eine $+$- und $-$-Elektronenladung. Infolge elektrischer Influenzwirkung bindet jedes *Molekülion* eine weitere *Anzahl neutraler Luftmoleküle* an sich und wächst sich so zu einem etwas massigeren Luftion aus. Bemerkenswert ist es, daß wir keine aufgeteilten Luftmoleküle und daher auch keine Elektrolyse haben! Wie dort ist aber auch hier der Ionisierung durch die *spontane Wiedervereinigung der Ionen* eine Grenze gesteckt, so daß selbst bei stärkster Bestrahlung nur ein winzig kleiner Bruchteil der Luftmoleküle ionisiert ist.

Ionen können sich auch *selbsttätig* vermehren. Treibt man ein Ion durch starke elektrische Kräfte an, so erlangt es eine solche Geschwindigkeit, daß es beim Anprall an Luftmoleküle Elektronen abspaltet. Indem die durch *Stoßionisation* neugebildeten Ionen jeweils wieder dasselbe tun, kann eine *hydraartige Vermehrung* entstehen, wie wir sie in eindrucksvollster Weise z. B. im Blitz vor uns haben. „Primäre Ionen", die den Keim für solche Entladungen abgeben können, stehen stets zur Verfügung, da die Luft infolge der verschiedensten Einflüsse immer spurenweise ionisiert ist.

Merkwürdig ist das Bestreben der Ionen, sich auf kleinen Partikeln wie Rauchteilchen oder Wassertröpfchen abzusetzen und so „*schwere*" *Ionen* zu bilden. Diese Eigenschaft hat man sich sogar im großen nutzbar gemacht im Entrauchungsverfahren von Cottrell und Möller. Man erzeugt hier im Inneren eines Kamins Koronaentladungen, fängt den Ruß durch die Ionen ein und schlägt ihn so elektrisch nieder. Ähnlich macht man es auch mit Metalldämpfen. Finden die Ionen, wie in reiner Luft, gerade keine Sitzgelegenheit, so verschaffen sie sich diese gelegentlich selbst. Sie kondensieren den Wasserdampf zu kleinen Tröpfchen und geben so Anlaß zur *Nebelbildung*.

Die kleinsten Ionen, die wir kennen, sind die *Elektronen* selbst. Solche erhält man, wenn man Edelgase ionisiert. Hier bleiben die einmal abgespaltenen Elektronen frei, da diese chemisch trägen Gase sich nicht mit dem Wiederabfangen abgeben. Man merkt dies daran, daß hier die $-$-Ionen eine bis mehrhundertfach größere Beweglichkeit aufweisen als die +-Ionen. Besonders leicht ist es aber, freie *Elektronen im luftleeren Raum* zu erhalten. Da ist ja nichts mehr, was sie abfängt. Die Methoden der Abspaltung können im einzelnen verschieden sein. Wir können zu elektrischen *Entladungen* im Vakuum, zu *Hitze* oder *Bestrahlung* greifen. Dieses ganze Erscheinungsgebiet ist indessen so reichhaltig und in seinen Anwendungen so wichtig — erwähnt sei nur die Röntgen- und Radiotechnik —, daß wir uns ihm einmal ausführlicher widmen wollen.

27. Ein Riesen-Elektron.

Wenn wir unsere *Erde* mit einem *Riesenelektron* vergleichen, so wird man zugeben, daß ein solches Modell an Größe nichts zu wünschen übrigläßt. Ob es aber ein geeignetes Objekt ist, das wird man sich doch noch etwas näher überlegen müssen. Von einem Elektron verlangen wir vor allem, daß es ein mit negativ elektrischer Ladung behaftetes Individuum sei. Im speziellen stellt es jene, selbst im Vergleich zu den Atomen, ätherisch feinen Partikel dar, aus denen sich jede noch so große elektrische Ladung zusammensetzt. Alle tragen die gleiche „*elementare*" Ladung, die so winzig ist, daß es deren mehr als eine Trillion braucht, um den elektrischen Strom einer Glühlampe auch nur eine Sekunde lang zu unterhalten.

Will man sich eine Vorstellung von den *Elektronen* machen, so wird man am ehesten an kleine Kügelchen denken, von denen ungefähr eine Billion auf eine Perlenschnur von 1 cm Länge gehen würden. Unsere Erde stellt also ein etwa 600 Trillionen mal linear vergrößertes Elektronenmodell vor, sofern sie die Voraussetzung einer negativen Aufladung erfüllt! Das ist aber tatsächlich der Fall. Denn die Erde verhält sich wie eine negativ elektrisierte Kugel, da sie nach allen Richtungen hin anziehend auf positive Elektrizität wirkt. Man kann das mit einem Elektroskop nachweisen, das man in verschiedenen Höhen über dem Erdboden aufstellt. Man beobachtet eine Spannungsdifferenz gegenüber der Erde, die mit der Höhe erst rasch, dann immer langsamer zunimmt. Anfänglich macht es auf jeden Meter nicht weniger als etwa 100 V aus. Später allerdings enorm viel weniger. Das hängt z. T. mit den in freier Atmosphäre fließenden elektrischen Strömen zusammen. Luft ist zwar ein fast vollkommener Isolator. Durch gewisse Einflüsse aber erlangt sie eine elektrische Leitfähigkeit. In der Nähe der Erde sind es vor allem die radioaktiven Strahlen aus der Erdkruste und der Atmosphäre, die „ionisieren", weiter oben dann die „Höhenstrahlung", die kosmischen Ursprungs ist, und dann die Sonnenstrahlen im weitesten Sinne des Wortes, wobei hauptsächlich das Ultraviolett und die Elektronenstrahlen der Sonne wirksam sind.

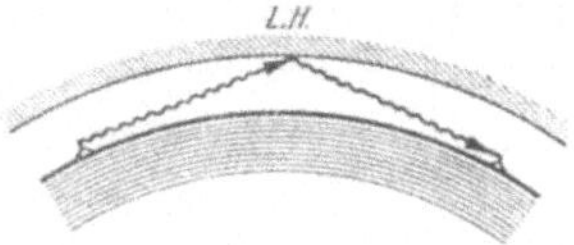

Abb. 53. Radioecho.

Bemerkenswert ist nun, daß die elektrische Leitfähigkeit mit der Höhe, namentlich in der Stratosphäre, ganz bedeutend anwächst. In 80—100 km Höhe, wo die Atmosphäre so verdünnt wie in einer Röntgenröhre ist, leitet die Luft bereits so gut wie der Erdboden. Diese *leitende Hülle*, kurz *l. H.*, welche die Erde in mehreren Schichten umgibt, kennen die Radiotechniker zur Genüge. Es ist die *Heaviside-Kenelly-Schicht*. Wie an einer metallischen Hohlkugel werden an ihr alle von der Erde ausgesandten Radiowellen reflektiert. Aus dem *Radioecho* hat man auch ihre Höhe bestimmen können. Die *l. H.* ist der Grund dafür, daß die Radiowellen um den Erdball herumlaufen können. Sie ist aber auch der Grund dafür, daß keine Signale von der Erde fort und zur Erde hin gelangen können. Die Erde sitzt nun da drinnen wie in einem „*Faradayschen Käfig*". Von einem solchen weiß man, daß er noch so stark geladen sein kann und daß trotzdem in seinem Innern keine elektrische Einwirkung zu verspüren ist, es sei denn, daß in seinem Innern selbst elektrische Ladungen vorhanden seien. Da nun von der Erde trotz der *l. H.* ein elektrisches Feld ausgeht, so müssen wir auf das Vorhandensein einer elektrischen Ladung der Erde schließen. Für die positive Aufladung der *l. H.* hat man nicht weniger als 200 000 V ausgerechnet, also eine Spannung, wie sie ein moderner Röntgenapparat erzeugt. Ein Draht aus der *l. H.*, isoliert auf die Erde heruntergeführt, würde ein ganzes Röntgeninstrumentarium ersetzen. Diese Spannungsdifferenz, im Verein mit der elektrischen Leitfähigkeit der Luft, verursacht nun einen elektrischen Dauerstrom, der unserer Erde zufließt und nicht weniger als etwa 1000 A beträgt. Und trotz diesem Ausgleichsstrom bleibt die Erde hartnäckig in ihrem geladenen Zustande! Eines der größten Rätsel, da man keine Quelle für den erforderlichen Nachschub der neutralisierten negativen Ladung hat finden können. Kein Wunder, wenn man hier schließlich der blühendsten Phantasie die Zügel hat schießen lassen und man fast an so etwas wie eine Elektronenfabrik im Innern der hochtemperierten und komprimierten Erde denken könnte.

Die Erde birgt also noch große Geheimnisse. Aber so ist es ja auch mit dem Elektron. Warum häuft sich hier auf einem Punkte Elektrizität an, ohne daß sie zerstiebt? Befindet sich die Ladung an der Oberfläche oder im ganzen Raum des Elektrons verteilt? Ja, ist das Elektron überhaupt ein scharf begrenzter Körper und im speziellen eine Kugel, oder ist die Grenze, bis zu der die Ladung reicht, verwischt („verschmiert")? Man ist sogar soweit gegangen, anzunehmen, daß die Ladung, wenn auch schließlich nur mehr sehr fein, den ganzen Raum durchziehe. Etwas Ähnliches haben wir, wenigstens in räumlicher Hinsicht, auch bei der Erde. Diese ist auch keine Kugel, sondern, wie man so schön, aber nichtssagend, sich ausdrückt, ein *Geoid*. Ferner ist die Atmosphäre nicht begrenzt, sondern reicht in äußerster Verdünnung unbegrenzt in den Weltenraum hinaus.

Es gibt aber neben diesen mehr äußerlichen Analogien noch eine wichtige Eigenschaft, in der sich Erde und Elektron gleichen. Seit dem Jahre 1925 wissen wir nämlich, daß sich die Elektronen wie kleine Kreiselchen verhalten. Nicht etwa, daß man den Elektronen bis heute eine Rotation hätte nachweisen können. Allein Uhlenbeck und Goudsmit schlossen das u. a. aus der merkwürdigen Verdoppelung der Spektrallinien, wie sie die Alkalien zeigen. Man denke nur an die aufgespaltene gelbe Natriumlinie. Danach besitzt jedes Elektron einen „*Drall*" oder „*Spin*", und die elektrische Ladung rotiert mit großer Geschwindigkeit um die Spinachse. Da aber eine kreisende Ladung einem elektrischen Kreisstrom gleichkommt, so entsteht dadurch Elektromagnetismus. Jedes Elektron ist ein Elektromagnetchen von der Stärke eines „*Magnetons*".

Wie steht es jetzt mit unserem großen Elektronenmodell? Nun, auch es rotiert mit seiner negativen Ladung. Daraus muß ganz analog ein über die ganze Erde verbreitetes Magnetfeld resultieren. Ein solches ist tatsächlich vorhanden. Nur wissen wir zum vornherein nicht, ob der *Erdmagnetismus* mit dem elektromagnetischen Feld der rotierenden Ladung ganz oder teilweise identisch ist. Diese Annahme wird aber dadurch stark gestützt, daß die Kraftlinien, wie jede Kompaßnadel zeigt, nahezu parallel zu den Meridianen verlaufen, und daß die magnetischen Pole sich in der Nähe der geographischen befinden. Auch die Folgerung, daß im Norden der magnetische Südpol und im Süden der magnetische Nordpol entstehen muß, stimmt mit den tatsächlichen Verhältnissen

Abb. 54.
Elektronenmodell.

überein. Nur die Größe des berechneten Erdmagnetismus will nicht stimmen. Man bedenke aber, daß die Rechnung zunächst nur für einen an der Rotation der Erde nicht beteiligten Beobachter gilt und daß man sie erst für einen mitbewegten (und solche kennen wir ja bloß) umrechnen muß, ferner, daß auch die rotierende Raumladung der Atmosphäre und unter Umständen noch die im Erdinnern befindlichen Ladungen mit berücksichtigt werden müssen. Im ganzen ein sehr kompliziertes Problem! Wir werden uns also schon mit der dem Sinne nach richtigen Wiedergabe der Verhältnisse begnügen müssen.

Immerhin wollen wir zur Stütze unserer elektromagnetischen Erklärung des Erdmagnetismus erwähnen, daß ein enger Zusammenhang zwischen dem Auftreten gewisser atmosphärischer Entladungsvorgänge und den *erdmagnetischen*

143

Störungen (magnetische Gewitter) festgestellt ist. Bekannt ist der Einfluß der *Polarlichter* auf den Erdmagnetismus, andererseits wieder ihr Zusammenhang mit dem Auftreten der Sonnenflecken. Nach Birkeland und Störmer sendet die Sonne zur Zeit ihrer Fleckentätigkeit einen Hagel von Elektronen (Kathodenstrahlen) gegen die Erde. Diese werden vom magnetischen Erdfeld abgefangen und wickeln sich um die magnetischen Kraftlinien herum. Daher das Auftreten der Polarlichter in zwei bestimmten, die beiden Pole umgebenden ringförmigen Zonen. Die Elektronen werden schon in der äußersten Schicht der Atmosphäre, meist weit über der Heaviside-Schicht draußen, absorbiert und erzeugen dort die mannigfachsten, bald nur kurz, bald lang andauernden Leuchterscheinungen. Interessant ist das Spektrum dieser im Hochvakuum größten Ausmaßes sich abspielenden Entladungen. So zeigt das *Nordlicht* die berühmte Nordlichtlinie, die dem leuchtenden Sauerstoffatom zugeschrieben wird, aber unter gewöhnlichen Verhältnissen noch unbekannt war.

Es kann nicht geleugnet werden, daß wir damit auch Eigenschaften erwähnt haben, die unserem Elektronenmodell nicht zukommen sollten. Aber im großen und ganzen gibt es doch dem Wesen nach Form, Ladung und Magnetismus eines Elektrons richtig wieder. Leider versagt es nun doch in einer letzten Eigenschaft des Elektrons. Dieses kann nämlich *Lichtwellen imitieren!* Wie Davisson und Germer 1927 entdeckten, wird ein Elektronenstrahl, der auf einen Kristall auffällt, gebeugt und zeigt *Interferenzen,* wie wenn er ein Röntgenstrahl wäre! Im Prinzip könnte jedes Teilchen, so groß es auch sei, also auch unsere durch den Weltenraum sausende Erde, diese Wirkung hervorbringen. Aber die entsprechenden Beugungswellen wären von einer so unglaublichen Kleinheit, daß ihr Einfluß unterhalb der Schwelle jeder Beobachtbarkeit liegt. Dieser Umstand deutet letzten Endes darauf hin, daß nicht ohne weiteres von einem großen Modell auf das Verhalten im Kleinen geschlossen werden darf. Und in der Tat gehört es zu unseren neueren Erkenntnissen, daß man sich von so winzigen Dingen, wie es die Elektronen sind, zwar ein Gleichnis, aber kein Bildnis machen soll.

144

28. Elektrizität im Flug.

Elektrizität ist nichts Körperliches und doch in der Regel an Stoff gebunden. Wie könnte man sonst elektrische Ströme so leicht am Gängelband führen, d. h. ohne Verlust durch Drähte leiten? Und doch ist es ein Leichtes, die Elektrizität aus dem materiellen Untergrund zu befreien. Beschränkte Freiheit genießt sie ja schon in den Metallen, überhaupt in allen elektrischen Leitern. Denn diese sind erfüllt von Elektronen, die sich nach Art der Gasmoleküle frei herumbewegen und nur darum das Metall nicht verlassen können, weil dieses die Elektronen durch die elektrischen Atomkräfte am Entweichen verhindert. Jedes Elektron müßte zum Verlassen der Oberfläche eine bestimmte elektrische *„Austrittsarbeit"* leisten. Die natürliche Geschwindigkeit reicht, obschon sie nach Hunderten von Kilometern zählt, nicht aus, um die elektrische Grenzsperre zu überwinden. Die Elektronen verhalten sich wie kleine Raumraketen, welche infolge ungenügender Anfangsgeschwindigkeit immer wieder zu ihrem materiellen Untergrund zurückkehren müssen.

Alles Bemühen, Elektrizität zu befreien, d. h. *Elektronen zum Flug* zu bewegen, muß also darauf ausgehen, diesen die nötige Energie zuzuführen. Das Einfachste ist, man erhöht ihre Temperaturbewegung durch *Erhitzen* des Metalls. Es gibt keinen Stoff, der nicht bei Weißglut die ungebärdig gewordenen Elektronen freigeben würde. Besonders rein tritt diese Erscheinung im Vakuum auf. Eine eigentliche *„Elektronenröhre"* besteht daher aus einer luftleeren Glasbirne, durch die ein Wolframdraht führt und die, davon getrennt, ein Metallblech enthält. Bringt man den Draht zum Glühen, so fließt von ihm nach dem Blech ein reiner Elektronenstrom, dessen Stärke mit der Glühtemperatur außerordentlich schnell ansteigt. Fliegen einige Trillionen pro sec hinüber, so leuchtet eine in den Kreis eingeschaltete Glühlampe hell auf. Damit alle ausgetriebenen Glühelektronen sich am Flug beteiligen, wird man immerhin eine Batterie einschalten müssen. Denn die Elektronen stauen sich sonst vor dem Glühdraht. Es entsteht eine Elektronenwolke, deren *„Raum-*

ladung" sich den nachfolgenden Elektronen gegenüber derart abstoßend verhält, daß zur Zerstreuung der Wolke eine Batteriespannung nötig wird, die um so höher sein muß, je stärker die Elektronenemission des Drahtes ist. Man kann sehr wohl beobachten, daß der Elektronenstrom erst mit der angelegten Spannung zunimmt, und zwar nach Art einer Neilschen Parabel, einem Zwischending zwischen gerader Linie und gewöhnlicher Parabel, daß er dann aber einen Maximalwert erreicht. Dieser „Sättigungsstrom" hängt seinerseits nur von der Glühtemperatur und von der Oberflächenbeschaffenheit ab. Es ist gelungen, durch Überziehen von Wolframfäden mit Erdalkalioxyden und Thorium starke Ströme schon bei schwacher Rotglut zu erhalten. Alles Bemühen aber, die Metalle etwa zur spontanen Freigabe von Elektronen zu veranlassen, ist bis jetzt erfolglos geblieben.

Die Elektronenröhren bieten dem elektrischen Strom naturgemäß nur eine ausgesprochene „Einwegbahn". Sie bilden also ausgezeichnete elektrische Ventile und werden dementsprechend als Wechselstromgleichrichter verwendet. Auch treten sie als Strombegrenzer auf, da der elektrische Strom ja nicht über ein gewisses Maß steigen kann. Eine weitere Form ist die *Radioröhre*. Hier befindet sich zwischen Glühdraht (Kathode) und Anodenplatte ein sieb- oder rostartiges Metallblech, durch das hindurch die Elektronen wandern müssen. Mittels dieses „*Gitters*" kann der Elektronenstrom mühelos kontrolliert werden. Versieht man es z. B. mit starker negativer elektrischer Ladung, dann werden alle Elektronen zum Glühdraht zurückgestoßen, der Strom wird abgedrosselt. Da es aber ein Leichtes ist, die Gitterladung auf irgendeinen Wert einzustellen, so läßt sich also der Elektronenstrom nach Belieben steuern. Die Gitterröhre dient sowohl der Verstärkung in Radioapparaten wie als Senderöhre im Röhrengenerator des Rundfunks. Welche Entwicklung die Röhrentechnik genommen hat, geht schon rein äußerlich daraus hervor, daß man Röhren mit mehreren Gittern gebaut hat. Den Rekord bildet die Röhre mit 8 Elektroden, die *Okthode*.

Betreibt man eine gewöhnliche Elektronenröhre mit höherer Spannung, so erlangen die Elektronen eine solche Ge-

schwindigkeit, daß sie als Elektronen-, d. h. als Kathodenstrahlen auftreten. Durch passende Anordnung können die
Elektronen zu einem feinen, unsichtbaren Strahl vereinigt
werden. Läßt man diesen auf einen Fluoreszenzschirm, etwa
aus Kalziumwolframat, auffallen, so erzeugen sie dort einen
hell leuchtenden Punkt. Eine solche *Kathodenstrahlenröhre*
kann in einfacher Weise dazu benutzt werden, um rasch
verlaufende elektrische Vorgänge, z. B. elektrische Schwingungen, sichtbar zu machen. Die Braunschen *Röhren* enthalten zu diesem Zweck zwei Metallplättchen, zwischen denen
hindurch der Strahl verlaufen muß. Legt man an diese
irgendeine elektrische Spannung, so erfolgt eine
Strahlablenkung und damit eine Verschiebung
des Leuchtfleckes. Bewegt sich dieser, so entstehen Leuchtfiguren. Diese werden zu Licht-
bildern, wenn der Leuchtfleck die ganze Fläche
mit großer Schnelligkeit in rascher Aufein-
anderfolge überstreicht: Prinzip der *Bildtele-
graphie* und des *Fernsehens*. Aus einer Katho-
denstrahlröhre wird eine *Röntgenröhre*, wenn
man in den Strahlengang einen Metallklotz, etwa
aus Wolfram, Antikathode geheißen, bringt.
Von der Auftreffstelle der Kathodenstrahlen

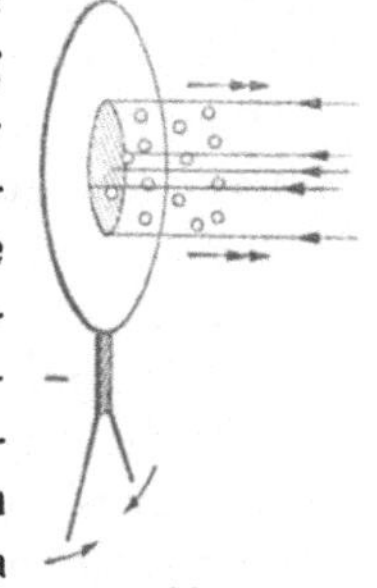

Abb. 55.
Photoeffekt.

aus gehen dann nach allen Richtungen die Röntgenstrahlen.

Nicht nur durch Hitze, auch kalt können Elektronen ab-
gelöst werden. Diese Verfahren befassen sich damit, die gerade an der Metalloberfläche befindlichen Elektronen heraus-
zuangeln. Man bestrahle etwa eine Zinkscheibe mit Bogen-
licht, und schon erwischt das eine und andere Lichtphoton
ein Elektron und gibt ihm den Startschwung. Ist die Zinkscheibe mit einem negativ aufgeladenen Elektroskop verbunden, so sieht man ihre Ladung in die Luft entweichen.
Nicht alle Photonen sind gleich wirksam. Es sind besonders
die des violetten bzw. des ultravioletten Lichtes, da die Pho-
tonenenergie um so größer ist, je kürzer die Wellenlänge.
Je stärker daher Elektronen an ein Material gebunden sind,
um so kurzwelliger muß das Licht sein, will man überhaupt
einen *Photoeffekt* erzielen. Lose gebunden sind Elektronen

in den Alkalimetallen, so daß solche auch auf die längeren Wellen des Spektrums lichtelektrisch reagieren.

Freien Elektronenflug erhalten wir wiederum nur im luftleeren Raum. Eine *Photozelle* besteht daher aus einer gasfreien Glasbirne, in die zwei Elektroden eingeführt sind: als Kathode etwa ein Wandbelag aus einer Kaliumnatriumlegierung, als Anode ein Platindraht. Wird der Belag belichtet, so fliegen die Elektronen vom Alkali zum Draht hinüber. Um den vollen Strom zu erhalten, muß auch hier — obschon der lichtelektrische Effekt viel schwächer als der Glühelektroneneffekt ist — die Raumladung durch Einschalten einer Batterie zerstreut werden. Nicht nötig ist dies bei den modernen *Sperrschichtphotozellen*, welche statt des Photoeffektes im Vakuum denjenigen zwischen zwei festen Materialien benutzen.

Der Photoeffekt wächst genau proportional mit der Bestrahlung. So können denn die Zellen einerseits zur Lichtmessung, andererseits zur Registrierung von Lichtschwankungen dienen. Sendet man einen Lichtstrahl durch einen vorbeibewegten Film hindurch, so zeigt eine Zelle dahinter alle Änderungen in der Schwärzung durch entsprechende Stromschwankungen an. Kein Wunder, wenn die Photozelle das unentbehrliche Requisit jeder Tonfilmanlage und Bildübertragung geworden ist.

Man kann Elektronen auch direkt, sozusagen mittels *elektrischer Angelschnüre*, aus dem Metall herausziehen. Man hat nur im luftleeren Raum eine Metallspitze dicht an eine Scheibe heranzubringen und diese genügend stark elektrisch aufzuladen. Dann haken sich die elektrischen Kraftlinien wie unsichtbar gespannte Schnüre an, und erreicht die Feldkraft etwa 1 Million V, so fliegen die erwischten Elektronen ins Freie. Trotz dieses eleganten Rezepts handelt es sich aber keineswegs um eine besonders leichte und schon völlig beherrschte Methode.

Leichter geht es, Elektronen durch ihresgleichen herausschlagen zu lassen. Besitzt man auf irgendeine Weise schon einen Vorrat von Elektronen oder anderen elektrischen Teilchen, so hat man diese nur mittels elektrischer Kräfte anzutreiben, auf eine Metalloberfläche zu schleudern, und schon stürzen die durch die Treibjagd aufgestöberten Elektronen heraus. Man lasse etwa Kathodenstrahlen aufprallen, und man wird reichlich „*Sekundärelektronen*" erhalten. Im Großen geschieht das Heraushämmern von Elektronen durch Ionen in jeder elektrischen Entladungsröhre, auch in Kathoden- oder Röntgenstrahlenröhren, soweit diese nicht mit „Glühemission" arbeiten. Hier sind es die im Entladungsweg gebildeten positiven Ionen, welche mit Wucht auf die Kathode zustürzen und diese so zu einer ergiebigen Elektronenquelle machen.

Das einfachste Mittel aber, um Elektronenflüge zu veranstalten, besteht darin, daß man die Natur walten läßt! Diese gibt uns in den radioaktiven Körpern freiwillig Elektronen her. In Form von β-*Strahlen* schießen sie mit solch riesigen Geschwindigkeiten heraus, daß sie meterlange Wege in freier Luft zurücklegen können, ohne von dieser abgefangen zu werden. Diese gewaltigen Schußenergien werden hier vom Atomkern geliefert, aus dessen Innerem heraus die Elektronen fliegen.

Dem unbeschwerten Elektronenflug gegenüber steht der *Flug der Ionen*. Es brauchen sich Elektronen nur an Gasmoleküle anzulagern. Dann entstehen die viel massigeren Flugzeuge, die wir negative Ionen nennen. Stoßen ferner Elektronen mit Wucht auf Gasmoleküle, so können sie diesen Elektronen entreißen und sie so zu positiven Ionen machen. Der elektrische Flug dieser massigen Teilchen, der positiven sowohl als der negativen, spielt eine ungeheure Rolle bei allen *elektrischen Entladungen*. So im elektrischen *Funken*. Hier ist es das starke elektrische Feld, welches aus wenigen Anfangsionen jene Ionenlawine erzeugt, die wir als leuchtende, klatschende Funkenbahn wahrnehmen. Der kilometerlange Funke, den wir Blitz nennen, führt an Ionenladung kurzzeitig bis 10 000 A und mehr. Während Funken ruckweise Entladungen darstellen, gibt es auch Dauerentladungen, die man ihres geräuschlosen Charakters wegen als „*stille*" *Entladungen* anspricht. Solche unvollkommenen Luftdurchbrüche stellen die Spitzen- und Koronaentladung dar. Legt man genügende Spannung — es können schon 1 bis 2 kV genügen — an Spitzen oder Drähte an, so entsteht an diesen eine schwache Leuchterscheinung. Die übrige Funkenbahn bleibt dunkel, da dort die elektrischen Kräfte für einen vollständigen Durchbruch des Gases zu klein sind. Durch Steigerung der Spannung können Spitzen- und Koronaentladung allerdings in Büschel- und schließlich in Funkenentladung umschlagen. Spitzen strömen Elektrizität völlig kontinuierlich aus bzw. saugen sie ein. Sie bewirken daher elektrische Ausgleiche, wie bei Blitzableitern, ferner bei Elektrisiermaschinen in Form der „*Saugkämme*". *Spitzenströme* sind auch in der freien Natur bekannt als sogenannte Sankt Elmsfeuer. Sie dienen ferner als Ionenquellen für medizinische Zwecke. Die Ionen, die aus einer Spitze ausströmen, kann man sogar direkt spüren, da sie die Luft mitreißen und den „*elektrischen Wind*" verursachen. Die „stillen" Entladungen an Drähten brauchen nicht immer lautlos zu sein. So kann man die *Koronaentladung* beim Anlegen hoher Wechselspannungen gut hören. Die Sprüherscheinungen sind meist unerwünscht, da sie elektrische Verluste an Drahtleitungen und die Zerstörung von Isoliermaterial herbeiführen, sind aber willkommen als elektrischer Faktor, so in den *Ozonisatoren*.

Daß sowohl Spitzen-, Korona- als Funkenentladungen durch ein einziges Elektron oder Ion ausgelöst werden können, läßt sich leicht zeigen. Man stelle einer Metallscheibe eine Metallspitze in etwa 0,5 mm Abstand gegenüber und verbinde sie über einen hohen elektrischen Widerstand mit einem Kondensator, der soweit positiv aufgeladen sei, daß der Funke gerade noch nicht überspringt. Läßt man nun einen schwachen Lichtstrahl, z. B. das Licht eines Streichhölzchens, auf die Scheibe auffallen, so wird das erste herausstürzende Elektron den Funken zünden. Durch einen solchen „Funkenzähler" lassen sich nicht nur Photonen, sondern auch radioaktive Korpuskeln einzeln nachweisen.

Besonders farbenprächtig sind die *Leuchterscheinungen* im *luftverdünnten Raum*. Wählt man in einer *Geißlerröhre* als negativen Pol einen Metallstift, so sieht man diesen sich bei steigender Stromstärke immer mehr mit blauem Licht überziehen. Fast der ganze übrige Raum bis zum positiven Pol ist mit rosa Licht ausgefüllt. Das blaue Licht ist dabei die Seele dieses sogenannten *Glimmstromes.* Von dort aus stürzen positive Ionen gegen die Kathode und treiben Elektronen heraus, die nun ihrerseits in der Glimmhaut wieder Ionen erzeugen und dabei das Gas zum Leuchten bringen. Reine Elektronenströme sind immer unsichtbar, nur Materie kann leuchten!

Verwendet werden *Glimmröhren* mit den verschiedensten Gasfüllungen zu Leuchtzwecken. Sie können aber auch als *Oszillographen* und *Stabilisatoren* dienen. Denn einmal ist die Länge der Glimmhaut mit der Stromstärke proportional, und dann ist die elektrische Spannung an der Glimmhaut stets dieselbe, wie groß auch der Strom sei. Während es Glimmlampen gibt, die infolge ihrer Edelgasfüllung schon mit Netzspannung brennen, betragen andererseits die Entladungsspannungen in freier Atmosphäre,

Abb. 56. Glimmröhre.

d. h. die Funkenspannungen, Dutzende von kV. Doch nicht nur Anordnung und Spannung entscheiden über die Art der Entladung, auch der elektrische Widerstand, der in den Stromkreis eingeschaltet ist, bestimmt sie mit. Ist die Stromquelle ergiebig, und wählt man einen kleinen Widerstand, so schlägt die Funkenentladung in eine neue Form, die *Bogenentladung,* um. Ein Lichtbogen ist dadurch gekennzeichnet, daß die Elektroden heiß werden und zerstäuben. Dies bedingt wieder, daß das elektrische Feld zwischen den Polen zusammenbricht. Denn die Elektronen kommen aus einer heißen Kathode von selbst heraus, brauchen also durch kein elektrisches Feld herausgetrieben zu werden. Damit die Kathode dauernd glüht, muß andererseits der Strom eine gewisse Stärke besitzen. Während bei einer stillen Entladung dieser sich nach mA und weniger bemißt, beträgt er hier viele A. Beim Kohlelichtbogen erhitzt sich der negative Pol auf etwa 3000°, der positive sogar auf 4000°. Nicht nur als Lichtquellen, sondern auch als Energiequelle für chemische Reaktionen

ist der Kohlebogen von Wichtigkeit. So erlaubt er, den Luft-
stickstoff zu Stickoxyd zu verbrennen und in Salpetersäure
überzuführen. Große Bedeutung besitzt der *Quecksilberlicht-
bogen*. Dieser findet als Lichtquelle in Form der *Quarz-
lampe* ausgedehnte Anwendung zur Herstellung ultravioletten
Lichtes für medizinische, biologische und chemische Zwecke.
Läßt man den Bogen in einer Hartglaskapillaren unter hohem
Druck brennen, so strahlt er ziemlich weißes Licht von blen-
dender Helle aus. Diese *Hochdruckquecksilberlampe*, sowie
allgemein die neueren Entladungslampen, gehören zu den
Triumphen der modernen Beleuchtungstechnik. Der Queck-
silberdampflichtbogen gewinnt aber steigende Bedeutung auch
in anderer Hinsicht, nämlich als *Wechselstromgleichrichter*,
allgemein als Stromrichter. Wenn man einem Quecksilber-
spiegel einen Graphitstift gegenüberstellt, so fließt ein elektrischer Strom nur in Richtung Graphit-Quecksilber. Denn
nur in diesem Falle entsteht auf dem Quecksilber der für den
Bogen erforderliche glühende „Kathodenfleck". In den Glas-
gleichrichtern sieht man diesen Fleck, der eine Temperatur
von etwa 3000° aufweist, mit großer Behendigkeit über die
Fläche hin und her laufen. Solche Gleichrichter transportieren Ströme von 1000 A und mehr.

So ist es denn eine überaus bunte Reihe von Erscheinungen, bei denen wir die Elektrizität im Flug antreffen,
bald leuchtend und hörbar, bald dunkel und geräuschlos.
Was die Vielgestaltigkeit eindrucksvoll unterstreicht, ist der
gewaltige Stärkeunterschied in den einzelnen Formen, der
schon bei den „*selbständigen*" *Entladungen* das Billionen-
fache ausmachen kann. Am kleinsten sind die Ströme bei
den sogenannten Vorentladungen der Funkenbildung, am
größten bei den Lichtbogen. Dieser Bereich erweitert sich
aber noch wesentlich nach unten hin, da es bei den „*unselb-
ständigen*" *Entladungen* keine Schwierigkeit bietet, Elektronen und Ionen sogar im Einzelflug zu erhalten und auch
nachzuweisen!

29. Woher die Quanten kommen.

Die moderne Physik steht ganz im Zeichen der Quanten. Das muß selbst ein Außenseiter bemerken, wenn er in populären Aufsätzen von der Quantentheorie, der Quantenmechanik, den Quantenzahlen, von Elementar- und Lichtquanten liest und sieht, daß physikalische Größen quantisiert sind, und daß ein Physiker etwa mit derselben Selbstverständlichkeit quantelt wie ein Athlet hantelt. Da scheint in der Tat die Frage angezeigt, was ist und soll der Quantenbegriff?

Die Welt tritt dem unbefangenen Beschauer als *Kontinuum* entgegen, und es scheint keine Notwendigkeit dafür zu bestehen, die Materie nicht als beliebig unterteilbar anzunehmen. Wohl kennen wir den Begriff des *Diskontinuums*. Man denke an eine Tonleiter mit ihren Intervallen. Nichts würde uns aber hindern, die Frequenzfolge vollständig kontinuierlich zu wählen, nur würde uns eine solche Musik sehr sonderbar anmuten. Auch das Diskontinuum eines Kugelhaufens, z. B. eines Korbes Äpfel, können wir anscheinend, indem wir ihn zu Mus zerquetschen, völlig zusammenhängend machen. Und doch besteht, wie die Wärmelehre uns überzeugend dartut, jede noch so „kontinuierliche" Stoffmenge aus kleinsten Individuen, den *Molekülen*. Es ist demnach ganz unmöglich, einen Apfel in einem beliebigen Verhältnis, z. B. dem der irrationalen Zahl π, zu teilen. Wie ferner aus den Gesetzen der chemischen Verbindungen (multiple Proportionen) hervorgeht, sind die meisten Moleküle wieder aus noch kleineren Teilen zusammengesetzt, die nun wirklich als unteilbar angenommen und daher *Atome* genannt werden. Die Existenz solch kleinster Bausteine der Materie wurde intuitiv schon von dem griechischen Philosophen Demokrit gefordert; heute ist sie uns Gewißheit. Die Unteilbarkeit der Atome mußte allerdings mit der Kenntnis der radioaktiven Erscheinungen aufgegeben werden. Die letzten nicht mehr unterteilbaren Dinge sind daher nicht die Atome, sondern das *Elektron* und das *Proton*, bzw. das der positiven Elementarladung beraubte *Neutron*. Das erstere stellt das Uratom

der Elektrizität, das letztere das Uratom der Materie dar. Ein
Wasserstoffatom z. B. besteht aus einem Proton als Kern (mit
einer positiven Elementarladung) und einem ihn umkreisenden Elektron (mit einer negativen Elementarladung). Das Verhältnis der Massen beträgt dabei Proton:Elektron = 1840.
Die schwereren Atome besitzen einen aus Neutronen und
Protonen zusammengesetzten kompakten Kern mit einer ganzen Schar umkreisender Elektronen, stellen also eine Art
Sonnensystem im Kleinen dar.

Mit dem *Elementarquantum* der Elektrizität und der Materie haben wir aber noch keineswegs den *Quantenbegriff*
der modernen Physik vor uns. Dieser ging aus der Theorie
der Wärmestrahlung hervor. Er ist ein Kind dieses Jahrhunderts und wurde zunächst, wie
alle diese Begriffe, als Hypothese
eingeführt. Max Planck machte
die Annahme, die in der Folge
den Grund zu der modernen
Quantenphysik gegeben hat, daß
die Energie der Wärmestrahlung

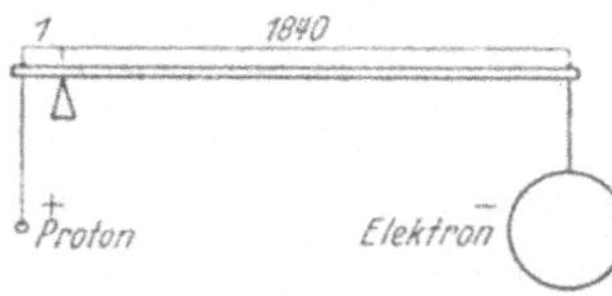

Abb. 57. Massenvergleich.

aus kleinsten Energiequanten zusammengesetzt sei. Hierdurch
gelang es ihm erstmalig, die Gesetze der *Wärmestrahlung*
abzuleiten, was nach der „klassischen" Theorie vergeblich
versucht worden war. Die Größe der Energieelemente setzte
er gleich $h\nu$, wo ν die Schwingungsfrequenz der Strahlung
und h eine universelle Konstante, das berühmte *elementare
Wirkungsquantum* bedeutet. Da die Wärmestrahlung eine
elektromagnetische Strahlung repräsentiert, so muß dieselbe
Vorstellung auch für Radiowellen, für eigentliche Lichtwellen, für Röntgen- und Gammastrahlen gelten. Alle sind
zusammengesetzt aus *Lichtquanten*, d. h. *Photonen,* von der
Energie $h\nu$. Je nach der Frequenz ν sind die Quanten verschieden groß. Universell für alle ist nur die Größe h. Daß
irgendeine Lichtintensität nur aus ganzzahligen Vielfachen
von $h\nu$ bestehen kann, führte zu wichtigen Konsequenzen.
Einmal kann Licht nur in ganzen Quanten absorbiert und
ausgesandt werden, ferner kann es sich nur quantenmäßig
in andere Energieformen umwandeln. Dies muß natürlich

bei der Wechselwirkung von Licht und Materie von größter
Bedeutung sein. Die Quantenvorstellung hat schließlich sogar zu einer neuen Atomtheorie geführt. Zunächst ermög-
lichte sie es, die bisher unverständlich gebliebene Abhängigkeit der *spezifischen Wärme* von der Temperatur zu erklären
und zu berechnen. Dann aber feierte sie größte Triumphe
in der Erklärung der von den Molekülen und Atomen ausgesandten *Spektren*. Die Diskontinuität der Spektren, ihre
Zusammensetzung aus einzelnen Linien, mußte schon auf
quantenmäßige Beziehungen im Atom hindeuten. Noch mehr
mußte dies hervortreten, als man die Linien in Serien bestimmter Gesetzmäßigkeit zusammenfassen lernte. Diese wurden mit einemmal verständlich, als B o h r
auf Grund des R u t h e r f o r d schen
Atommodells seine berühmten Quantenbedingungen aufstellte. Danach kann jedes
Umlaufelektron eines Atoms nur ganz bestimmte, vorgeschriebene Bahnen beschreiben. Durch Energieaufnahme kann es in
eine höhere, d. h. energiereichere, durch
Abgabe in eine niedrigere Bahn „sprin-
gen". Es sind somit nur stufenweise
Energieänderungen möglich, die wieder

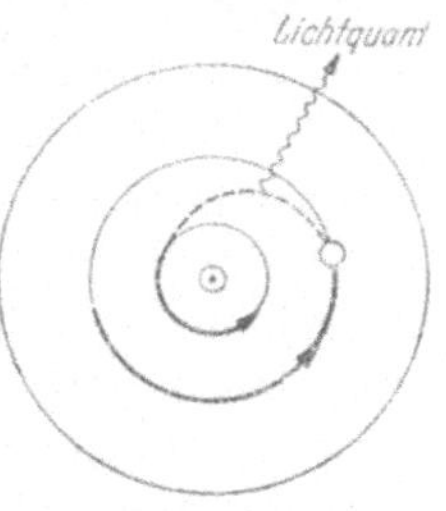

Abb. 58.
Quantenbahnen.

nur durch Absorption oder Aussendung von Photonen entsprechender Frequenz bewirkt werden können. Jede mögliche
Energiedifferenz E ist gleich der Energie $h\nu$ des zugehörigen
Photons. Nach welchen Gesetzen die Energie der stationären
Elektronenbahnen im Atom „gequantelt" ist, läßt sich somit
aus der Spektralanalyse ermitteln. Die Spektrallinien lassen
sich vielfach in sehr einfache Serienformeln zusammenfassen,
die dadurch charakterisiert sind, daß sie „Laufzahlen" bzw.
„Quantenzahlen" enthalten. Setzt man für diese der Reihe
nach verschiedene ganzzahlige Werte ein, z. B. von 4 ausgehend 4, 5, 6 usw., so erhält man die Frequenz der verschiedenen Spektrallinien. Um die Mannigfaltigkeit der Spektren und namentlich auch ihre Veränderung bei Anwendung
elektrischer und magnetischer Kräfte wiederzugeben, genügt
es allerdings nicht, nur *eine* Quantenzahl einzuführen. Es

sind deren 4 Sorten notwendig. Das hat seinen Grund wiederum darin, daß die Elektronenbahnen nicht nur energetisch gequantelt sind; auch die Form der Bahnen, ferner die Bahnneigung, ja auch die Rotationsachse der um sich selbst wirbelnden Elektronen sind Quantenbedingungen unterworfen.

Nicht nur in der Anwendung auf inneratomistische Vorgänge war die Quantentheorie erfolgreich, sie brachte auch Fortschritte in der kinetischen Theorie der Gase. Sie war ferner imstande, die Wechselwirkung zwischen Licht und Elektronen zu erklären, wie sie beim sogenannten *lichtelektrischen Effekt* und dem *Comptoneffekt* (Streuung der Röntgenstrahlen) auftritt. Die Erfolge waren so schlagend, daß man sich lange Zeit vor der Tatsache verschloß, daß all die Quantenbedingungen eigentlich in krassem Widerspruch zu den bisherigen physikalischen Anschauungen standen, ja die Grundlagen der klassischen Theorie geradezu über den Haufen warfen. Es war aber unmöglich, weder die eine noch die andere Theorie aufzugeben, da es Erscheinungen gibt, die nur durch die eine und solche, die nur durch die andere erklärt werden konnten. So lassen sich die Lichtinterferenzen nur aus der Wellennatur des Lichtes, der Photoeffekt nur aus der Quantenvorstellung heraus erklären. Aus diesem Dilemma konnte nur eine *Revision der Grundlagen* unserer physikalischen Erkenntnisse retten. Ein Beispiel einer solchen Sanierung hatte seinerzeit die Physik durch die *Relativitätstheorie* erfahren. Diese führte zur Erkenntnis, daß Raum und Zeit eine untrennbare Einheit bilden, und daß die beiden Vorstellungen für uns nur darum auseinanderfallen, weil die Geschwindigkeit des Lichts so enorm groß gegenüber der von allem irdischen Geschehen ist. In allen mechanischen Beziehungen tritt in Wirklichkeit die Lichtgeschwindigkeit, also eine optische Größe, auf. Diese verschwindet indessen in der uns vertrauten N e w t o n *schen Mechanik,* die als Spezialfall der allgemeinen *relativistischen Mechanik* für „kleine" Geschwindigkeiten gelten kann. In ähnlicher Weise ist es nun auch gelungen, die Quanten- und die Kontinuumstheorie unter einem einzigen Gesichtspunkt zusammenzufassen. Zu dem Zweck mußte die Mechanik in dem Sinne erweitert werden, daß sie nicht nur für Vorgänge im Großen, sondern auch im Kleinsten, wo die Quantengesetze in Erscheinung treten, gilt. So ist denn eine neue „*Atommechanik*" (*Wellen-, Quantenmechanik*) entwickelt worden. Durch die genialen Arbeiten von S c h r ö d i n g e r , H e i s e n b e r g u. a. wurde uns die Gesetzmäßigkeit des physikalischen Geschehens im Kleinsten erschlossen, eine Gesetzmäßigkeit, die uns gänzlich neuartig erscheinen muß, da wir mit unseren groben Sinnen nur die makroskopische Welt und ihre Gesetze erkennen können. Ebensowenig, wie man aus der unbegrenzt erscheinenden Teilbarkeit der Materie auf die Existenz beliebig kleiner Massenpunkte schließen darf, ebensowenig darf die Mechanik ausgedehnter Körper auf die Bewegung kleinster Teilchen angewandt werden. Wie wir wissen, wird sich eine solche Bewegung überhaupt nie genau beschreiben lassen. Hier herrschen die Quantengesetze. Das Wirkungselement h, das wegen seiner Kleinheit für gewöhnlich nicht in Erscheinung tritt, spielt dort die Hauptrolle. Wir sehen, daß, so merkwürdig dies auf den ersten Blick erscheinen mag, für die Mechanik zwei optische Größen maßgebend sind, wobei die eine (Lichtgeschwindigkeit) nur bei hohen Geschwindigkeiten, die andere (Wirkungselement) nur bei kleinen Abmessungen hervortritt. So ist denn der Quantenbegriff unentbehrlich geworden für das Verständnis der physikalischen Erscheinungen und hat uns geradezu die *Welt im Kleinsten* erst erschlossen. Dem Quant etwa bloß ein Quentchen Wahrheit zugestehen zu wollen, ist schon längst nicht mehr gerechtfertigt. Heute besitzt es auf Grund unserer neueren Erkenntnisse dieselbe Daseinsberechtigung wie etwa das Molekül oder Atom.

30. Strahlenklaviere.

Nichts gibt uns einen rascheren Überblick über das Reich der Töne als ein Klavier. Nichts zeigt auch unmittelbarer, daß sich die Töne nur durch die verschieden hohen Schwingungszahlen voneinander unterscheiden. Sollte man da nicht versucht sein, auch das Reich der Ätherwellen bzw. -strahlen durch ein ähnliches Instrument darzustellen und sie auf einer entsprechenden Klaviatur unterzubringen? Ein solches „Strahlenklavier" wäre dann allerdings nicht etwa zu verwechseln mit einem Instrument, das durch Ätherwellen gesteuert wird und das seinerzeit unter der Bezeichnung Ätherwellenklavier produziert worden ist. Wir meinen damit vielmehr ein Klavier, bei dem jede Taste eine *Ätherwelle* von bestimmter Länge bzw. Frequenz ertönen läßt. Damit wir einen recht großen Bereich unterbringen können, wollen wir das Intervall einer Oktave nicht, wie in der Akustik, gleich zwei, sondern grad gleich zehn machen. D. h. bei jeder Oktave wächst die Frequenz um das Zehnfache, und nimmt die Wellenlänge dementsprechend um das Zehnfache ab. Dem tiefsten Ton, dem A_{-2}, entspreche etwa eine Welle von 1 mm Länge und dem obersten, um sieben Oktaven höheren „Ätherton", demnach $1/10$ Millionstel mm oder eine „Ångströmeinheit". Die verschiedenen „a" unserer Klaviatur bezeichnen wir, wie in der Musik üblich, mit A_{-2} A_{-1} A a a_1 (Kammerton) a_2 a_3 a_4. Die dritte Oktave mit $1/1000$ mm (1 Mikronwelle) wäre dann bei a.

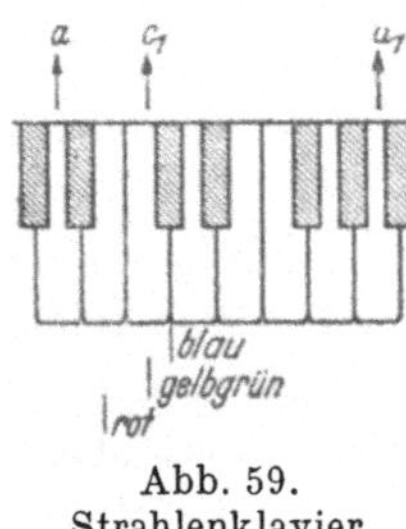

Abb. 59.
Strahlenklavier.

Wir wollen nun feststellen, wie die „Äthertöne" sich ausnehmen. Betrübenderweise wird sich zeigen, daß wir sie weder hören noch zum großen Teil sonst direkt wahrnehmen können. Nur einen winzigen Bereich davon können wir unmittelbar *sehen*. Drücken wir z. B. c_1 nieder, so sehen wir Licht von der Wellenlänge 0,56234 µ (Mikron) aufstrahlen, ein monochromatisches Gelbgrün, das unserem Auge besonders intensiv erscheint. Einen Halbton tiefer erhalten wir ein schönes Rot, einen halben Ton höher ein Blau. Schon mit *ais* und d_1 sind wir indessen an der Grenze der Sichtbarkeit, d. h. im Ultrarot bzw. Ultraviolett. Wenn wir daher die sämtlichen tausend Spektralfarben haben wollten, müßten wir statt der Halbtöne eine weit größere Stufenzahl haben. Unser Klavier ist also äußerst unvollständig, doch für einen groben Überblick ausreichend. Es ist nicht gerade leicht zu handhaben, wenn man es darauf abgesehen hat, nur einen Ton anzuschlagen, d. h. gerade eine bestimmte Spektrallinie leuchten zu lassen. Schon die Lichterzeugung durch die mit 6000° C strahlende Sonne lehrt uns, daß ein ausgedehntes *Spektrum* entsteht. Unser Klavier würde zwar maximal mit c_1 erklingen, aber auch die benachbarten Töne ober- und unterhalb, etwa von *ais* bis d_1, würden, wenn auch schwächer, mitklingen. Wir erhalten also immer einen Akkord, der verzweifelt ähnlich demjenigen beim Anschlagen eines Klaviers mit dem Handrücken entspricht. Prinzipiell kann man nun das ganze Ätherwellenklavier durch Temperatur bearbeiten. Wir haben zwar nicht ein *wohltemperiertes Klavier* im Sinne Bachs vor uns, sondern eine Art *Temperaturklavier*. Nach W. Wien entspricht jeder Temperatur ein *Ätherwellenton* von bestimmter Höhe, wobei allerdings immer noch die nebenanliegenden Töne etwas mit angeregt werden. Die Wellenlänge in mm findet man einfach durch Division von 2,94 durch die absolute Temperatur. Die Sonne spielt uns daher mit besonderer Intensität eine Wellenlänge von $2{,}94 : 6000 = 0{,}00049$ mm, liefert daneben aber noch das ganze Spektrum. Dem a_4 entspräche eine Temperatur von 30 000 000°. Leider sind wir im Laboratorium nicht wesentlich über Sonnentemperatur hinausgekommen, so daß wir unser Klavier etwa vom Kammerton an anders anschlagen müssen. Hingegen können wir mit der Temperatur beliebig weit heruntergehen. *Strahlendes Eis* (273,2° absolut) gäbe uns etwa Wellen von 11 μ. Dies hätte nur den Nachteil, daß diese sehr schwach erklingen, da mit sinkender Temperatur die gesamte Strahlungsintensität unheimlich abnimmt. Die Eisstrahlung beträgt gegenüber der bei 273,2° C nur mehr den 16ten Teil. Nicht nur von der Temperatur, sondern auch von der Oberfläche hängt die Stärke der Ausstrahlung ab. Am meisten strahlen die Materialien, welche Strahlen selbst stark absorbieren, d. h. *schwarze Körper*. Es liebt daher nicht nur die Welt, sondern auch der Physiker das Strahlende zu schwärzen, da er nur so gute Strahler erhält. Wärmestrahlen kann man auf der Haut fühlen oder mit irgendeinem Thermometer messen. Für Licht undurchsichtige Körper können für Wärmestrahlen sehr wohl durchlässig sein, wie z. B. Ebonit oder die Hornhaut des Auges (Glasbläserstar!). Andererseits dringt das Strahlenmeer, in dem wir uns etwa in einem geheizten Zimmer befinden (Größenordnung der Wellen: 10 μ) nicht durch die Fensterscheiben hindurch (anders wäre es bei Kochsalzscheiben!), während sehr wohl die Wärmestrahlen der Sonne eintreten können.

Ziemliche Schwierigkeiten bietet es, die tiefsten Töne unseres Klaviers zum Klingen zu bringen. Immerhin läßt sich die Gegend unterhalb A noch aus der Strahlung eines glühenden Auerstrumpfs als sogenannte „*Reststrahlung*" isolieren. Mit A_{-1} aber ist etwa der tiefste „*Temperaturton*" erreicht. Dies ist nicht verwunderlich, wenn man bedenkt, daß es sich hier eigentlich um elektrische Wellen handelt, die von den durch Hitze erregten Atomen bzw. Atomverbänden ausgesandt werden. Da wir sozusagen *Radiokreise von atomarer Größe* vor uns haben, müssen die ausgesandten Wellen sehr kurz, d. h. ultrahochfrequent sein. Man wird daher, um Ätherwellen, d. h. elektrische Wellen größerer Länge, etwa unterhalb A_{-1}, zu erhalten, schon Elektronen in größeren Gebilden in Bewegung setzen müssen. In der Tat bringt man die unterste Oktave unseres Klaviers zum Tönen, wenn man Fünkchen zwischen suspendierten Metallflitterchen übergehen läßt. Diese werden in elektrische Schwingungen versetzt und senden Wellen aus, die einerseits Wärmewirkung besitzen, andererseits infolge ihrer Entstehungsart als *elektrische Wellen* (Hertzsche Wellen) angesehen werden müssen. Will man noch größere Wellen, d. h. eigentliche *Radiowellen* herstellen, so wird man richtige Schwingungskreise verwenden müssen. Da diese ferner eine große *Wellenlängenskala* umfassen, wird man allerdings neben unserem „Temperaturklavier" noch ein eigentliches „*Radioklavier*" mit vielen Oktaven anbringen müssen. Dieses würde sich in verschiedener Hinsicht auszeichnen. Einmal wäre es fast im ganzen Bereich einfach zu handhaben, und dann würde es einem richtigen Klavier in dem Sinne ähneln, daß die einzelnen Töne durch verschieden lange Saiten (Antennen!) abgestrahlt würden, ja daß man sie sogar wie dort hören könnte! Die Wellen müßten nur mit Sprache oder Musik „moduliert" werden.

Anders stehts nun mit dem Konzert der kleinen und kleinsten Wellen. Von d_1 an bis etwa a_1 erhalten wir *ultraviolettes Licht*. Dies ist sowohl durch Hitze als elektrische Entladungen, z. B. in der Quarz-Quecksilberdampflampe, leicht zu erzeugen, auch sichtbar zu machen, da es viele Substanzen, wie Uranglas oder Sidotblende, zu hellem Leuchten bringt. Glas ist für dieses Licht, im Gegensatz zu Quarz, gänzlich undurchsichtig. Wellen von $^1/_{10}$ μ abwärts sind ferner nur noch im Vakuum festzustellen, da sie durch Luft vollständig verschluckt werden. Um noch kürzere Wellen zu erhalten, reichen die *Molekularstöße der Temperaturbewegung* nicht mehr aus. Dann wird das *Bombardement* der Atome *durch Elektronen* wirksam. Solche Elektronen sind äußerst leicht frei zu machen, z. B. durch Glühen von Metallen, und kön-

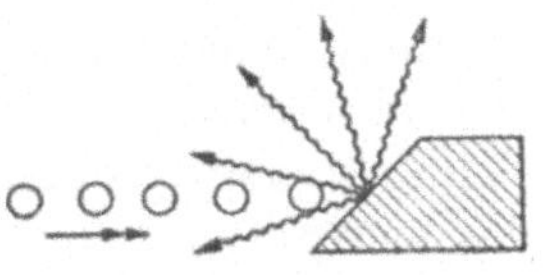

Abb. 60.

nen durch elektrische Kräfte so angetrieben werden, daß sie mit großer Heftigkeit auf die Atome aufprallen und nicht nur die Elektronen an der Peripherie, sondern auch im Innern erschüttern. Dies führt zu äußerst kurzwelliger elektromagnetischer Strahlung, deren Existenz allerdings zunächst nur im Vakuum durch chemische, fluoroskopische und ionisierende Wirkungen nachzuweisen ist. Die Wellenlänge der Strahlen hängt in höchst einfacher Weise mit der *Energie der Stoßelektronen* oder, wie man sagt, der Elektronenstrahlen zusammen. Werden diese durch irgendeine Spannung beschleunigt, so findet man die Wellenlänge in „Ångström" als Quotienten aus 12,345 durch die Zahl der Kilovolt. Schon bei einigen Kilovolt Spannung werden die Strahlen befähigt, durch dünne Metallfolien aller Art hindurchzugehen, können also aus dem Vakuum heraus ins Freie verpflanzt werden, wobei allerdings die Luft ihrer Ausbreitung zunächst noch ein großes Hindernis bereitet. Mit steigender Voltzahl wächst aber die Durchschlagskraft gewaltig an und ist schon beim hohen a_4, das etwa 12 kV entspricht, ganz erheblich. Solche Strahlen zeigen bereits kräftige fluoroskopische, photographische und ionisierende Wirkung. Es sind nichts anderes als *Röntgenstrahlen*. Um all diese Strahlen zu umfassen, müßten wir am oberen Ende unseres Klaviers, d. h. von a_4 an, noch ein eigentliches *Röntgenklavier* anhängen, von dem bis jetzt allerdings nur die ersten 2 Oktaven bekannt sind. Die kurzwelligsten Röntgenstrahlen stellt uns die Natur selbst her in Form der *Gammastrahlen* des Radiums. Ihre Bedeutung verdanken die Röntgenstrahlen dem Umstand, daß sie alle Stoffe nach Maßgabe ihrer Dichte durchdringen können. Die Durchleuchtungsbilder werden in bekannter Weise auf dem Fluoreszenzschirm oder der photographischen Platte aufgenommen. In der Therapie werden ferner sowohl die überweichen „*Grenzstrahlen*" entsprechend dem obern Ende unseres Temperaturklaviers als die sehr harten, hundert bis tausend Kilovolt entsprechenden Strahlen für „*Tiefentherapie*" benutzt.

Das Gebiet der Licht- und Wärmestrahlen hat also sowohl nach der Seite der großen als der kleinen Wellen eine ungeheure Ausdehnung erfahren. Dabei sind die Radiowellen zuerst erschlossen worden, wie denn auch die Identität dieser mit den Lichtwellen sich schon früh aufgedrängt hat. Die Röntgen- und Gammastrahlen wurden später entdeckt, und bot es große Schwierigkeiten, sie als Lichtstrahlen zu erweisen. Dazu bedurfte es schon der Entdeckung, daß Röntgenstrahlen durch Kristalle gebeugt werden. Heute gehört die *Strukturanalyse* durch Röntgenstrahleninterferenzen bzw. die *Röntgenspektroskopie* zum eisernen Rüstzeug der Materialprüfung.

Wir dürfen mit Genugtuung feststellen, daß die Physik heute imstande ist, alle Töne auf dem Temperaturklavier und darüber hinaus zum Tönen zu bringen. Immerhin ist im Gebiet der hohen und tiefen Töne, eben dem Zwischengebiet zwischen Licht- und Radiowellen einerseits und Licht- und Röntgenstrahlen andererseits noch viel zu erforschen. Es sieht zwar so aus, als ob ihm praktisch keine große Rolle beschieden sein könne.

Und nun noch eine letzte Frage, *wo hören Radio- und Röntgenklavier eigentlich auf?* Man wird kaum daran zweifeln, daß man beliebig lange Radiowellen wird herstellen können, aber ebensosehr, daß man nicht beliebig kurze Wellen erzeugen kann. Denn je kleiner diese sind, um so mehr tritt ihr *Strahlencharakter* hervor, d. h. sie sind imstande, Strahlungsenergie punktförmig zu konzentrieren, sie wirken, als ob sie aus Korpuskeln, „*Photonen*", bestehen würden, und deren Energie wächst umgekehrt mit der Wellenlänge. Die stärksten Energieanhäufungen, die wir in Form der Lichtquanten bis jetzt herstellen konnten, haben wir in den Röntgenquanten vor uns. Die äußerste Grenze bezeichnen uns aber aller Wahrscheinlichkeit nach die ultrakurzwelligen Gammastrahlen, welche die kosmische Strahlung begleiten. Da die kürzesten Wellen wahrscheinlich nur eine Länge von $1/100\,000$ Ångström besitzen, könnte das Röntgenklavier noch etwa 5 Oktaven umfassen, deren oberste die Physiker allerdings erst noch zu spielen lernen müßten.

31. Dualismus.

Geheimnisvoll am lichten Tag
Läßt sich Natur des Schleiers nicht berauben,
Und was sie deinem Geist nicht offenbaren mag,
Das zwingst du ihr nicht ab
Mit Hebeln und mit Schrauben.

Die Physik des 19. Jahrhunderts ist gekennzeichnet einerseits durch das Bestreben, die Materie als Diskontinuum zu erweisen und als solches zu verstehen (*Atom-* und *Molekulartheorie*), andererseits elektrische und magnetische Erscheinungen durch das Kontinuum, den lückenlosen Äther zu erklären (*Nahewirkungstheorie*). Materie- und krafterfüllter Raum standen sich als zwei getrennte Welten gegenüber. Die moderne Physik des 20. Jahrhunderts unterscheidet sich von dieser klassischen Physik dadurch, daß sie erkannt hat, daß jedes Ding zwei Seiten hat, d. h. deutlicher, daß alles sowohl eine *diskontinuierliche* als eine *kontinuierliche* Seite besitzt.

Diese Erleuchtung ging vom Lichte aus. Durch die scharf-
sinnigen Untersuchungen eines H u y g e n s , F r e s n e l u. a.
und ihre experimenta crucis schien endlich nachgewiesen, daß
die *Korpuskulartheorie* N e w t o n s unmöglich den Tatsachen
entsprechen könne, daß man vielmehr das Licht als *elektromagnetische Strahlung* aufzufassen habe. Aber man wußte
nicht, daß man noch nicht alle Tatsachen kannte, und zwar
gerade jene nicht, die sich durch die *Undulationstheorie* nicht
erklären lassen. Es ist das der Einfluß des Lichtes auf die
Bewegung von Elektronen. Mit Licht kann man z. B. Elektronen aus einer Metallfläche herausschleudern. Dazu braucht
es eine gewisse Mindestenergie, die das Licht aber merkwürdigerweise immer, auch bei schwächster Intensität, am
betreffenden Ort zu konzentrieren vermag. Das Licht vereinigt sich sozusagen zu einem feinen Strahl, es lokalisiert

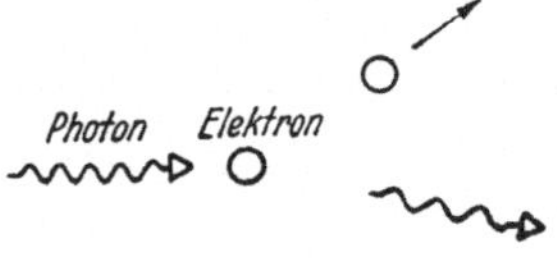

Abb. 61. Comptoneffekt.

sich. Das heißt, es ist so, wie wenn
gerade an bestimmter Stelle ein Lichtquant, ein *Photon*, auffiele. Und ähnlich ist es, wenn Licht mit einem freien
Elektron zusammentrifft. Dann verliert
das Lichtquant unter Änderung seiner
Farbe einen Teil seiner Energie an das Elektron, das nun fort-
gestoßen wird. Dieser *Comptoneffekt* läßt sich nur durch Annahme des korpuskularen Verhaltens des Lichtes erklären. Als
Energie ist dem Lichtquant der Betrag $h\nu$ zuzuschreiben, wobei h eine universelle Größe, das P l a n c k sche Wirkungsquantum und ν die Lichtfrequenz bedeutet. h besitzt den ungeheuer
kleinen Wert von 6,6 : 1000 Quadrillionen Erg · sec (Wirkung
= Energie · Zeit). Damit war in die Physik ein eigentümlicher
Dualismus eingekehrt. Nicht jener, welcher sagt, es gibt zwei
verschiedene, womöglich gegensätzliche Dinge, z. B. + und —
geladene Korpuskeln oder dann + und — Pole des Magnetismus oder Materie und Äther (krafterfüllter Raum), sondern
ein und dasselbe Ding ist als Chamäleon zu betrachten; es
kann sich so oder aber auch anders verhalten. Man kann nicht
mehr sagen, es *ist* das eine oder das andere. Nur das wissen
wir im gegebenen Fall, welche Seite des Janusgesichts zum
Vorschein kommen wird. Licht verhält sich, als ob es ein

Wellenvorgang wäre, wenn wir *Interferenz- und Beugungs-erscheinungen* veranstalten und als ob es aus Photonen bestände, wenn wir einen *lichtelektrischen Effekt* auslösen. Auf alle Fälle ist die letztere Vorstellung am Platze, wenn man die Wechselwirkung zwischen Licht und Materie untersucht. Diese neuen Ergebnisse mußten natürlich die Frage nach der physikalischen Erkenntnismöglichkeit und damit auch nach dem Ziel der physikalischen Forschung neu aufwerfen. Die Einführung des „sowohl als auch" mußte zur Frage führen, gibt es überhaupt ein „Ding an sich" oder nur ein „als ob". Können wir überhaupt zu einer Erkenntnis des Wesens der Dinge gelangen, oder müssen wir uns mit einer richtigen und vollständigen Beschreibung der Gesamtheit aller beobachtbaren Erscheinungen begnügen? Ein Satz, den schon 1879 der Physiker K i r c h h o f f zu Beginn seiner Vorlesungen über Mechanik zum damaligen Erstaunen der physikalischen Welt als Postulat aufgestellt hat.

Heute ist man so weit, diese folgenschwere Beschränkung des Forschungszieles anerkennen zu müssen. Denn die Tatsachen redeten eine zu deutliche Sprache. Kaum hatte man sich etwas mit der *Doppelspurigkeit* des Lichtes befreundet, so ertönte auch schon, zunächst aus Theoretikerkreisen, die Forderung, was dem einen recht, muß dem andern billig sein. Auch die Materie ist ein Chamäleon, d. h. muß bald *Partikel*-bald *Wellennatur* zeigen können! Es dauerte auch gar nicht lange, da wurde diese 1923 von L o u i s d e B r o g l i e ausgesprochene Ansicht, die zur Begründung der Wellenmechanik führte, experimentell von D a v i s s o n und G e r m e r bestätigt. Dieser bedeutungsvolle Versuch besteht einfach darin, daß man einen Kristall mit Elektronen beschießt und nachsieht, wie die Geschosse abgelenkt werden. In der klassischen Physik würde das etwa dem Falle entsprechen, daß man eine Lichtquelle durch ein Mattglas hindurch beobachtet. Während man hier aber einfach eine allseitige Streuung des Lichtes finden würde, beobachtet man dort, daß die Elektronen in ganz bestimmte Richtungen abgebeugt werden und daß man hinter dem Kristall charakteristische Beugungsringe erhält. Die *Beugungsbilder* sind ganz ähnlich, wie man sie beim

Durchgang von Röntgenstrahlen durch Kristalle bekommt. Elektronenstrahlen verhalten sich also gerade so wie äußerst kurzwelliges Licht. Die Wellenlänge, die den Elektronen zugeordnet werden muß, läßt sich leicht berechnen aus dem Planckschen Wirkungsquantum, der Masse und der Geschwindigkeit der Teilchen. Je schneller die Elektronen laufen, um so kürzer ihre Materiewellen. Bei passender Geschwindigkeit kann sie sogar gerade jener der Röntgenstrahlen gleichgemacht werden. Daher dann die gleichen Beugungsfiguren. Solche *Materiewellen*, deren Art übrigens mit den bekannten Wellen nichts zu tun hat, können nun nicht nur den Elektronen, sondern allen Masseteilchen zugeordnet werden. Sowohl die Existenz von Masseteilchen als ihre Bewegung läßt sich dann einfach als Interferenzerscheinung dieser Wellen deuten. Wiederum ist hier weder das Partikelbild, noch das Wellenbild der Materie als das allein richtige anzusehen. Sie geben nur die beiden Seiten eines und desselben Dinges wieder. Ob die eine oder die andere mehr hervortritt, hängt ganz von der Erscheinung ab, die man untersucht. Auch die Materie zeigt also einen ausgesprochenen Dualismus, und die Fragestellung, ob Materie aus Teilchen oder aus Wellen bestehe, ist nicht nur müßig, sondern unrichtig. Kein noch so genial ausgeführtes Experiment wird eine Entscheidung dieser Frage herbeiführen können. Die Natur der Dinge bleibt uns stets verborgen, eine restlose Erklärung ist unmöglich. Denn um eine solche zu geben, müßte man nicht nur die Vorgänge im Großen kausal erfassen — ein Ziel, das die klassische Physik zwar weitgehend erreicht hat —, sondern auch die Vorgänge im Kleinsten, d. h. im Atom verfolgen können. Und dieses ist in dem uns gewohnten Sinne nicht möglich. Wir müßten nämlich jederzeit Ort und Bewegung der Teilchen im Atom angeben und verfolgen können, scheinbar eine leichte Aufgabe, die sich aber als unlösbar erweist. Das kann man sogar leicht zeigen.

Wir wollen einmal ein Atom unters Mikroskop nehmen und eines der Elektronen anvisieren. Damit wir ein deutliches Bild erhalten, müssen wir nach optischen Grundsätzen mit Licht mikroskopieren, dessen Wellen womöglich noch

kleiner als der Atomdurchmesser sind. Da dieser etwa
1 : 100 Millionen cm beträgt, so kommen also nur Röntgen-
oder γ-Strahlen in Frage. Wir beschaffen uns also (wenigstens in Gedanken) ein *Röntgenmikroskop*. Für die Beob-
achtung müssen wir dann allerdings statt des Auges etwa
die photographische Platte verwenden. Mit Spannung werden
wir der ersten Photographie einer Elektronenspur entgegen-
sehen! Leider werden wir sehr enttäuscht sein, denn auf der
Platte bildet sich nur ein kleiner Punkt ab! Das Elektron ist
nämlich in dem Moment, wo es von einem energiereichen
γ-Quant getroffen wurde, infolge des Comptoneffekts blitz-
artig aus dem Gesichtsfeld herausgeschleudert worden. Natürlich wäre es denkbar, daß man mit verbesserten Mitteln
auch das Fortflitzen des Elektrons photographieren könnte.
Aber dann wäre es noch immer nicht die Spur, die man ursprünglich beobachten wollte. Wir stellen fest, daß man
zwar den Ort eines Elektrons festlegen könnte, nicht aber
seine Geschwindigkeit bzw. seine Bewegungsgröße. Würde
man statt Röntgenstrahlen gewöhnliches Licht verwenden,
dann würde die Bewegung des Elektrons zwar nicht merklich
gestört, dafür wäre aber seine Stellung gar nicht oder nur
äußerst unsicher angebbar. Man kann also unmöglich beide
Dinge, die zur Beschreibung des Vorganges nötig wären,
gleichzeitig genau bestimmen. Die beiden Bestimmungsstücke
lassen sich nur mit einer gewissen Unsicherheit oder einer
gewissen zahlenmäßig erfaßbaren Ungenauigkeit angeben.
Nach H e i s e n b e r g s berühmter *Unschärferelation* ist das
Produkt dieser Unsicherheiten für Ort und Bewegungsgröße gerade gleich der P l a n c k schen Konstanten *h!* Diese
Beziehung gilt für irgend zwei physikalische Größen, deren
Produkt eine Wirkung ergibt, also auch für Energie und
Zeit. Sie herrscht im Mikro- und Makrokosmos. Nur hat sie
hier absolut gar keine Bedeutung, indem diese Unsicherheiten
bei weitem unterhalb der sogenannten Meß- und Beobach-
tungsfehler liegen. Aber im Reich der Atome ist sie die Be-
herrscherin. Sie macht uns das Verfolgen der gewohnten *Kausalität* im Mikroreich unmöglich. Lag es da nicht nahe anzunehmen, daß es hier überhaupt keine Kausalität mehr gebe?

Jedenfalls haben hier im Mikrokosmos die Begriffe des Orts und der Geschwindigkeit nicht mehr die gewohnte Bedeutung. Es kann kein Anfangszustand eines Teilchens angegeben werden, aus dem heraus dann die Folgezustände nach Art der astronomischen Vorgänge zu berechnen wären. Mit unseren gewohnten Anschauungen und Denkgewohnheiten ist hier nichts auszurichten. Um weiter zu kommen, mußte die Fragestellung von Grund aus geändert werden, und dies führte naturgemäß zu jenen völlig andersartigen Betrachtungsmethoden, wie sie in der *Wellenmechanik* bzw. der *Quantenmechanik* vorliegen.

Es hat nicht an Versuchen gefehlt, den Dualismus, der sich bei der Erfassung der Naturvorgänge zeigt, zu mildern und womöglich auszugleichen. Nach B o r n läßt sich die Teilchen- und Wellenvorstellung miteinander verknüpfen. Jedes Wellenfeld läßt sich durch ein Teilchenfeld ersetzen. Man hat nur anzunehmen, daß die Wellenintensität an irgendeiner Stelle des Raumes die *Wahrscheinlichkeit* dafür angibt, mit der an jener Stelle ein Teilchen anzutreffen ist. So bedeuten die dunkeln Stellen in einer optischen Beugungsfigur, daß hier die Wahrscheinlichkeit Photonen vorzufinden, klein ist und umgekehrt groß an den hellen Stellen. Diese Lösung hat zweifellos zu einer Deutung der an und für sich unvorstellbaren Materiewellen geführt, aber die duale Natur der Erscheinungen nicht erklärt. Die *Grenzen unserer Naturerkenntnis* sind uns offenbar zum Vornherein durch den Umstand gezogen, daß der Forscher und das zu Erforschende von derselben Art sind. Wohl steht trotz allem die Physik als ungeheuer weitläufiges und festgefügtes Gebäude vor uns. Doch aus dem Bau tönt Faustens Stimme: Zwei Seelen wohnen ach in meiner Brust. Und als gereimtes Echo höret man Mephisto: Allwissend bin ich nicht, doch viel ist mir bewußt.

32. Verwandlungen.

Allbekannte Verwandlungskünstler sind die Chemiker. Besteht doch ihr Beruf darin, Stoffe ineinander umzuwandeln. Was dabei unveränderlich bleibt, sind die chemischen Ele-

mente, die Atome. Als letzte chemische Einheiten verdienen
diese Teilchen auch heute noch ihren Namen: atomos, unteilbar. Sie sind und bleiben „chemisch" beständig. Die Physiker haben aber im Laufe der letzten Jahrzehnte gezeigt,
daß die Atome wiederum zusammengesetzt sind, und daß daher prinzipiell eine Veränderung der Zusammensetzung, d. h.
eine *atomistische Umwandlung* denkbar wäre. Und wirklich
gegen Ende des letzten Jahrhunderts entdeckte B e c q u e r e l ,
daß die Natur in den radioaktiven Atomen spontan solche
Änderungen vornimmt. Wohl die bekannteste aus der Menge
der radioaktiven Substanzen ist das vom Ehepaar C u r i e
1898 entdeckte Radium. Ein Radiumatom kann sich die
längste Zeit wie ein gewöhnliches chemisches Element verhalten. Aber eines Tages zerfällt es, für uns ganz unmoti-
viert, explosionsartig in zwei Teile, in das schwere Edelgas
Radon und das leichte Helium. Letzteres wird mit ungeheurer
Geschwindigkeit in Form von α-Strahlen ausgesandt. Das
Radonatom baut sich im Laufe der Zeit noch mehrmals ab,
bis schließlich ein stabiles Bleiatom übrigbleibt. Diese spontanen Umwandlungen erfolgen stets ziemlich einförmig, entweder werden Heliumpartikel (α-Strahlen) oder dann Elektronen (β-Strahlen) ausgesandt. In letzterem Fall treten als
Begleiterscheinung auch noch γ-Strahlen auf.

Diesen Atomumwandlungen standen die Physiker mehr als
zwanzig Jahre machtlos gegenüber. Nicht einmal die *Geschwindigkeit* des natürlichen Atomzerfalls konnten sie beeinflussen. Dies wurde anders, als es R u t h e r f o r d 1919
gelang, Stickstoffatome zu „zertrümmern". Dies bildete den
Auftakt zu den beispiellosen Erfolgen auf dem Gebiete der
atomistischen Umwandlungen; und heute sind wohl die Physiker die bewundertsten Umwandlungskünstler der Materie
geworden.

Von einer solchen Umwandlung kann man sich ein an-
schauliches Bild machen, da die Struktur der Atome sich
recht einfach darstellt. Was zu einem Atom gehört, befindet
sich in einem Kügelchen vom Durchmesser von rund
1:100 Millionen cm. Dieses Kügelchen ist zum größten Teil
leer! Nur in der Mitte sitzt ein winziger Kern, der die Haupt-

masse des Atoms enthält, und darum herum wirbeln in verschiedenen Abständen, je nach dem Atom 1—92 Elektronen, die „schalenartig" gruppiert sind. Sowohl Kern als Elektronen haben einen Durchmesser, der noch etwa tausendmal kleiner ist als der Atomdurchmesser. Dabei besitzt der Kern immer soviel positive Ladungseinheiten, als den umlaufenden Elektronen zusammen negative Ladungseinheiten zukommen. Die Kernladung bestimmt die „Nummer" bzw. Ordnungszahl im periodischen System der Elemente.

Das ist das *Partikelbild,* wie es von B o h r und R u t h e r f o r d 1911 entworfen worden ist. Wir wissen heute, daß es zum Verständnis der atomistischen Vorgänge richtiger ist, das *Wellenbild* anzuwenden, die Elektronen etwa durch Materiewellen darzustellen, die den Kern umkreisen. Die B o h r sche Annahme, daß Elektronen nur auf Kreisen bestimmter Größe umlaufen können, erklärt sich dann durch die Bindung, daß der Kreisumfang gerade ein ganzzahliges Vielfaches der Wellenlänge ausmachen muß, daß also stehende Wellen auf dem Kreise entstehen. Von diesem Standpunkt aus erscheint ein solches Elektron allerdings nicht mehr wie ein kreisendes Partikel, sondern eher wie ein nebelhafter Saturnring. Für das Verständnis der Atomumwandlungen kommen wir aber ganz gut mit dem „anschaulichen" Partikelbild aus.

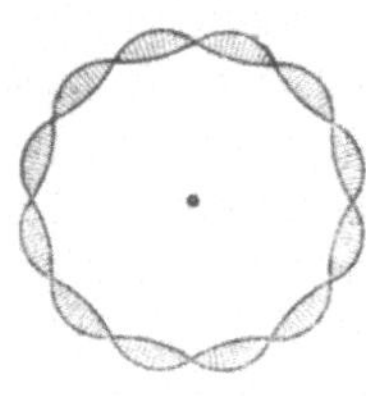

Abb. 62.
Materiewellen.

Die einfachste Zusammensetzung zeigt das leichteste, das Wasserstoffatom. Wie der Mond die Erde, so umkreist hier ein einzelnes Elektron einen Kern mit der positiven Einheitsladung, der als nicht weiter zerlegbar anzunehmen ist. Man nennt ihn ein *Proton.* Lange Zeit glaubte man nun, daß die Kerne der anderen Atome aus Protonen und Elektronen aufgebaut seien. Seit der Entdeckung C h a d w i c k s 1932 weiß man indessen, daß im Atom noch ein weiterer Baustein enthalten ist: das *Neutron.* Das ist ein Teilchen, so schwer wie das Proton, nur ist es elektrisch neutral, daher der Name Neutron. *Alle Kerne sind aus Protonen und Neutronen aufgebaut!*

Das einfachste Atom ist eigentlich das Neutron selbst. Es besitzt keine Elektronenhülle und daher eine viel kleinere Raumausdehnung als jedes andere chemische Element. Das gewöhnliche Wasserstoffatom enthält andererseits gar keine Neutronen. Das erste Element, das eines im Kern sitzen hat, ist der „schwere“ *Wasserstoff* oder das *Deuterium*, ein Element, das noch nicht so lange bekannt und rein dargestellt ist. Es unterscheidet sich vom gewöhnlichen Wasserstoff nur dadurch, daß im Kern neben dem Proton noch ein Neutron vorhanden ist. Die Kernladung und damit die Elektronenzahl ist also dieselbe. Da die chemischen Eigenschaften der Elemente aber der Hauptsache nach nur vom Elektronenaufbau der Hülle abhängen, so verhalten sich die beiden Atome gleich, sind also „*isotop*“. Auch ein drittes, weniger wichtiges Isotop ist bekannt, dessen Kern ein Proton und zwei Neutronen enthält. Einfach ist noch das Bild vom Helium mit zwei Protonen und zwei Neutronen, eine Kernkonfiguration, die besonders beständig ist. Der Kernladung 2 entsprechen hier zwei Elektronen. Die Zahl der Isotopen ist gewöhnlich beschränkt (10 ist schon viel), obschon sie theoretisch unbegrenzt sein könnte. Wir könnten uns z. B. einem Wasserstoffkern beliebig viele Neutronen beigefügt denken. Aber die Stabilität des Kernbaues ließe dies nicht zu.

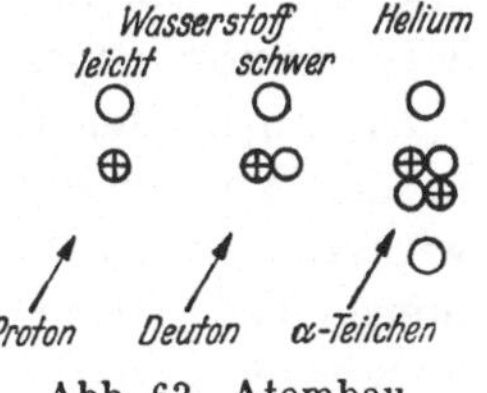

Abb. 63. Atombau.

Wie geschehen nun Atomumwandlungen? Einmal sind Veränderungen in der Elektronenhülle, dann Änderungen im Kern möglich. Vorgänge in der Elektronenhülle sind uns schon längst bekannt. Sie gehören geradezu zu den alltäglichsten Erscheinungen, gibt doch jeder Lichtstrahl uns Kunde davon. Auch sind Störungen in der Elektronenhülle nicht tragisch zu nehmen, da sie sich stets von selbst wieder ausgleichen. Sogar *verlorene Elektronen* holt sich das Atom jederzeit von selbst wieder aus der Umgebung zur Ergänzung seines Kleides. Von eigentlichen Atomumwandlungen können wir daher erst sprechen, wenn die *Struktur des Kerns* sich ändert. Bei den natürlichen radioaktiven Stoffen geschieht dies in folgender Weise. Entweder, es wird aus dem Kern ein α-Teilchen, d. h. ein Paket von zwei Protonen und zwei Neutronen hinausgeschleudert, wodurch die Kernladung um zwei abnimmt, oder es entsendet der Kern ein β-Teilchen (Elektron), ein Vorgang, der allerdings zunächst merkwürdig anmutet, da ja eben dieser Kern gar keine Elektronen enthält! Aber diese Vexierfrage löst sich sehr einfach. Ein Neutron hat sich unter Abgabe eines negativen Elektrons in ein positives Teilchen, nämlich in ein Proton, verwandelt! Es ist klar, daß beim β-Zerfall die Kernmasse unverändert bleibt und nur die Kernladung um 1 zunehmen muß.

Eine neue Epoche der Kernreaktionen setzte ein, als es gelang, *künstliche Atomumwandlungen* herbeizuführen. Das geschieht dadurch, daß man Atomkerne mit ihresgleichen beschießt. Da nur Volltreffer wirken können, ein Zielen aber unmöglich ist, so wird man darauf angewiesen sein, einen ungezielten Kugelregen großer Intensität zu verwenden, in der Voraussicht, daß wenigstens ein kleiner Teil davon wirksam werden wird. In der Tat ist das nur etwa der millionste Teil! Ferner muß die Geschwindigkeit des Geschosses ungeheuer sein, da es mit seiner positiven Ladung vom angegriffenen Kern, der selbst positiv ist, mit Wucht abgestoßen wird. Damit es zu einem Einschlagen des Projektiles kommt, muß dieses etwa zehn- bis zwanzigtausendmal schneller laufen als eine Flintenkugel. Solche Geschosse zu beschaffen ist aber eine Kleinigkeit, denn wir brauchen nur die α-Teilchen der radioaktiven Stoffe zu verwenden. So gelang es R u t h e r - f o r d, den Stickstoffkern zu zertrümmern, oder besser, zu verwandeln. Denn in Wirklichkeit bleibt das α-Teilchen im Kern stecken, es wechselt sozusagen nur das Kerngehäuse, indem es vom Radiumatom ins Stickstoffatom übersiedelt. Dabei wird der Stickstoffkern instabil und schleudert ein Proton aus. Diesen Vorgang kann man in einer W i l s o n - *schen Nebelkammer* direkt sichtbar machen. Läßt man nämlich ein α-Teilchen durch mit Wasserdampf übersättigte Luft hindurchfliegen, so bildet sich um die Ionenspur, die es hinterläßt, ein Nebelstreif. Macht nun das α-Teilchen einen Kerntreffer, so gabelt sich der Streifen in einen kurzen, den

Weg des getroffenen Stickstoffkerns anzeigend, und einen langen, die Protonenbahn kennzeichnend. Dieser Vorgang wird vielleicht nur auf einer von vielen tausend Wilson- schen Aufnahmen zu beobachten sein. Es ist ein *seltenes Ereignis,* womit im vornherein schon angedeutet ist, daß Spekulationen über Atomumwandlungen im großen zum mindesten noch verfrüht sind. Immerhin sind solche Umwandlungsprodukte bereits soweit hergestellt worden, daß sie chemisch nachgewiesen werden konnten.

Um in größerem Ausmaße und in größerer Mannigfaltigkeit *Kernchemie* treiben zu können, war es naturgemäß wichtig, nicht nur auf die teuren und in beschränkten Mengen vorhandenen radioaktiven Substanzen angewiesen zu sein. Bald gelang es, die Kerne von leichtem und schwerem Wasserstoff, die *Protonen* und *Deutonen,* nutzbar zu machen. Das geschah dadurch, daß man elektrische Entladungen durch verdünnten Wasserstoff hindurchsandte, auf diese Weise Atome ionisierte, d. h. entkernte, und die Kerne durch die Entladungsspannung antrieb. Gewöhnlich werden Spannungen von 1 Million V und mehr benötigt. Die Technik der Atomumwandlung verlangt also Mittel zur Erzeugung *allerhöchster elektrischer Spannungen.* Durch einen Kunstgriff ist es allerdings gelungen, durch mehrmaligen Antrieb eines Ions auch mit kleineren Spannungen auszukommen *(Zyklotronmethode).* Ferner ist es gar nicht gesagt, daß man immer Höchstspannungen braucht, so lassen sich schon mit „niederen" Spannungen von vielleicht 100 000 V Protonen einem Lithiumkern einverleiben, wobei zwei Heliumatome entstehen. Besonders wichtig sind die Reaktionen mit Deutonengeschossen, so die Aufnahme eines Deutons in ein Natriumatom unter Bildung von *Radionatrium* und unter Aussendung eines Protons.

Ein entscheidender Fortschritt wurde erzielt, als man zur Anwendung von *Neutronenprojektilen* übergehen konnte (Fermi 1934). Natürlich mußte man solche erst haben. Zunächst konnte man hier wieder die Radioaktivität zu Hilfe nehmen. Man hat nur etwas Beryllium mit Radium oder Radon zu mischen, und schon schleudern die α-Teilchen

Neutronen aus den Berylliumkernen heraus. Heute jedoch stellt man die Neutronen in viel größeren Quantitäten elektrisch her. Man erzeugt in der Entladungsröhre Deutonen und läßt sie gegen ihresgleichen, d. h. gegen schweren Wasserstoff anrennen. Aus diesem nützlichen Bruderkrieg geht ein Heliumisotop hervor und ein dahinfliegendes Neutron. Mit solchen Neutronen ist es nun ein Leichtes, eine Menge von Atomkernen umzuwandeln. Da diese Teilchen keine elektrische Ladung besitzen, werden sie von den positiven Kernen nicht abgestoßen. Sie dringen überhaupt mit größter Leichtigkeit durch alle Materie hindurch, zum erstenmal ein Beispiel für eine *mühelose Stoffdurchdringung*. Selbst die schwersten, bisher bekannten Elemente, so das Uran mit der höchsten Kernladungszahl von 92, können umgewandelt werden. Ja, es gelang sogar, ein Transuran mit der noch höheren Ordnungszahl 93 herzustellen. Ein unbegrenzter, weiterer Kernaufbau dürfte allerdings an den Stabilitätsverhältnissen scheitern.

Mit diesen erstaunlichen Resultaten war indessen dieses neue interessante Kapitel der Atomphysik noch keineswegs abgeschlossen. Ein großer Teil der künstlich hergestellten Atome ist nämlich, wie das Ehepaar Joliot-Curie 1934 entdeckte, unbeständig, d. h. verhält sich radioaktiv. Diese Atome zerfallen spontan wiederum in neue. Während aber bei den natürlichen radioaktiven Stoffen Lebensdauern von Tausenden von Jahren gar nicht selten sind, sind die bisher beobachteten der „*künstlich radioaktiven Stoffe*" meist recht kurz befunden worden. Verhältnismäßig langlebig sind das Radionatrium und der Radiophosphor mit einer mittleren Lebensdauer von 20 Stunden bzw. 13 Tagen, beide zu jenen Stoffen gehörend, die in therapeutischer Hinsicht bzw. als Indikatoren bei biologischen Forschungen von großer Bedeutung sind. Was die künstliche Radioaktivität weiterhin kennzeichnet, ist, daß hier keine α-Teilchen, überhaupt keine Kerne ausgesandt werden. Dafür treten aber Teilchen auf, deren Existenz bis 1932 unbekannt war, nämlich *positive Elektronen*, die man zum Unterschied von den gewöhnlichen Elektronen „*Positronen*" nennt. Ihre Entstehung verdanken sie dem Umstand, daß die Verwandlung von Neutronen in Protonen auch im umgekehrten Sinne vor sich gehen kann. Während im ersten Fall ein Elektron abgespalten wird, tritt im zweiten dafür das komplementäre Positron auf. Beides, sowohl die Aussendung von Elektronen als von Positronen, tritt beim künstlichen radioaktiven Zerfall auf. Wir geben als Beispiel für die beiden Fälle etwa den Übergang von Gold in Quecksilber und den von Stickstoff in Kohlenstoff an. Da die Positronen immer nur aus dem Atomkern stammen, während Elektronen in der Hülle in Hülle und Fülle vorhanden sind, ist es verständlich, daß diese Teilchen so spät entdeckt worden sind (Anderson). Auch sind sie, da sie stets nur ein kurzes Dasein führen, nie in größeren Mengen anzutreffen. Aus allem erkennt man, daß die Materie auch im innersten Kern nichts Bleibendes darstellt. Auch hier gilt, daß der Wechsel das einzig Beständige ist.

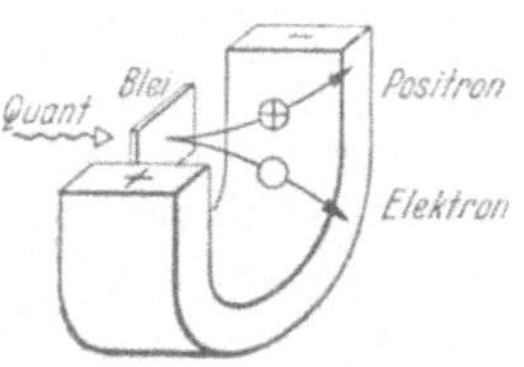

Abb. 64. Materialisierung.

Dies illustriert auch eine höchst bedeutsame Erscheinung, die von Hahn und Straßmann entdeckt worden ist: Schwere Atomkerne, wie die des Uran und des Thorium, lassen sich nämlich spalten! Insbesondere das dem gewöhnlichen Uran in geringen Mengen beigemischte Isotop mit dem Atomgewicht 235 wird durch Neutronenaufnahme labil und zerfällt spontan in zwei Teile, z. B. in Strontium und Xenon, wobei die Bruchstücke selbst wieder radioaktiv sind. Man hat schon große Anstrengungen gemacht, um die bei diesem Spaltprozeß frei werdende ungeheure Energie nutzbar zu machen, bisher allerdings noch ohne Erfolg.

Damit kommen wir noch zu einem letzten höchst erstaunlichen Umwandlungsvorgang. Während bislang Stoff sich nur wiederum in Stoff von anderer Art umwandeln konnte, stehen wir heute vor der Tatsache, daß *Stoff* sich sozusagen *verflüchtigen* kann, und auch umgekehrt, daß wir *Stoff aus dem Nichts* erzeugen können! So verschwindet nämlich ein Positron durch Vereinigung mit einem Elektron. Was zurückbleibt, ist nur noch seine Energie in Form von elektromagnetischer Strahlung. Auch das Umgekehrte läßt sich beobachten. Trifft ein Photon genügend hoher Energie, etwa ein γ-Quant, auf einen Atomkern, so entsteht ein Elektronenzwilling (Elektron + Positron). Der Physiker ist also imstande, wie ein Zauberer Materialisation und Entmaterialisierung vorzunehmen. Wohl beschränken sich diese Vorgänge auf die kleinen Elektronen. Nicht mehr so zauberhaft würde es uns aber heute erscheinen, wenn sich nun auch größere Partikel in Strahlung auflösen ließen. Man braucht nicht gerade an das Verschwinden von Taschentüchern, Uhren und dergleichen zu denken. Vielleicht liegen größere Umwandlungen bereits vor in den Atomkatastrophen, welche die energiereiche, geheimnisvolle Höhenstrahlung, die aus fernen Welten stammt, hervorruft. Solche Massenexplosionen sind in der Wilson-Kammer photographiert worden. Man erblickt hier sogenannte *Shower,* zu deutsch „*Schauer*", d. h. eine Menge von Elektronenzwillingen und Kerntrümmern. Wen wollte angesichts solch katastrophaler Vorgänge und der sich hieraus eröffnenden Perspektiven nicht ein leiser Schauer befallen?